NATURWISSENSCHAFTEN BIOLOGIE | CHEMIE | PHYSIK

Abenteuer Weltmeere

Autoren:
Prof. Sebastian Krastel, Dr. Reimert Neuhaus, Prof. Lorenz Schwark, Stefan Tiemann
(Geografie und Geologie der Weltmeere)
Dr. Stefan Theisen, Prof. Martin Visbeck
(Physikalische Ozeanografie)
Bernd Blume, Prof. Arne Körtzinger
(Chemische Ozeanografie)
Dr. Katrin Knickmeier, Charlotte Lohse, Prof. Ulrich Sommer
(Biologische Ozeanografie)
Dr. Reimert Neuhaus, Prof. Horst Sterr
(Erderwärmung, Meeresspiegelanstieg, Küstenschutz)
Friedericke Balzereit, Exzellenzcluster „Ozean der Zukunft"

Herausgeber: Prof. V. Dietrich, Prof. R. Erb, Dr. W. Kleesattel

Beratung: Dr. Katrin Knickmeier, Exzellenzcluster „Ozean der Zukunft"

Redaktion: Henry Dölitzsch

Illustration: Karl-Heinz Wieland
Grafik: Rainer Götze
Umschlaggestaltung: Corinna Babylon
Layoutkonzept: Maren von Stockhausen
Layout und technische Umsetzung: Wladimir Perlin

www.cornelsen.de

1. Auflage, 1. Druck 2011

Alle Drucke dieser Auflage sind inhaltlich unverändert und können im Unterricht nebeneinander verwendet werden.

Druck: CS-Druck CornelsenStürtz, Berlin

Inhalt gedruckt auf säurefreiem Papier aus nachhaltiger Forstwirtschaft.

Inhaltsverzeichnis

Abenteuer Weltmeere

*„Das Prinzip aller Dinge
ist das Wasser,
denn Wasser ist alles
und ins Wasser kehrt
alles zurück."*

*Thales von Milet,
griech. Philosoph
(um 625 – um 547 v. Chr.)*

ALKOR

1 Geografie und Geologie der Weltmeere

Der Mensch ist nicht im Meer zu Hause – bestenfalls an seinen Ufern. Dieser Umstand nährt seine Sehnsucht und auch seinen Erfindungsgeist zur Eroberung und Nutzung der Weltmeere. So beginnt der Mensch im 21. Jahrhundert in die letzten unerforschten Regionen der Welt vorzudringen – in die Tiefen der Ozeane.

» *Wie verändern sich Ozeane und welche Ursachen haben diese Veränderungen?*

» *Mit welchen Methoden untersuchen die Geologen das Weltklima?*

1 Der griechische Gelehrte Eratosthenes konnte um 250 v. Chr. den Erdumfang ziemlich genau berechnen: Am 21. Juni, dem Tag der Sommersonnenwende, fiel die Mittagssonne schattenlos, d. h. senkrecht in einen Brunnen in Syene, südlich von Alexandria. [→ 1]
Zur gleichen Zeit konnte am Obelisken in Alexandria ein Schattenwinkel von 7,5° gemessen werden. Die Entfernung zwischen Syene und Alexandria betrug 5000 Stadien (1 Stadion = 157,5 m). Berechne den Erdumfang mit den Hilfsmitteln von Eratosthenes.

→ 1 Bestimmung des Erdumfangs nach Eratosthenes

2 Für die in Bild [→ 2] skizzierte Reise benötigte Magellan 2 Jahre, 11 Monate und 2 Wochen. Er brach mit fünf Schiffen und 234 Mann Besatzung auf. Ein Schiff und 18 Mann der ursprünglichen Besatzung kamen wieder nach Hause. Die Expedition legte eine Strecke von 14 460 spanischen Leguas (60 440 km) zurück.

a Rechne das damalige spanische Längenmaß „Legua" in Kilometer um.

b Ermittle die Durchschnittsgeschwindigkeit in Kilometern pro Stunde (km/h) sowie in Knoten (kn). 1 kn entspricht einer Seemeile pro Stunde. Interpretiere das Ergebnis.
Hinweis: Eine Karacke – der Schiffstyp dieser Expedition – kann 10 kn erreichen.

3 Betrachte die beiden Weltkarten in den Bildern [→ 2, 3]. Vergleiche die Darstellung der Meere und Ozeane in den Karten aus den Jahren 1466 und 1544. Welche Gemeinsamkeiten und welche Unterschiede kannst du feststellen?

4 Recherchiere in einem Atlas und im Internet über die mittelozeanischen Rücken. Nutze auch das Bild [→ S. 6/1].

a Wo findet man diese geografischen Formationen? Beschreibe ihre Lage und ihren Verlauf.

b Welche Inseln liegen auf dem Mittelatlantischen Rücken?

c Ermittle mithilfe von Google Earth die Länge des Mittelatlantischen Rückens.

5 Woran erkennen die Wissenschaftler junge und alte Bereiche in den Ozeanen? Wo findet man diese Bereiche? Suche die genannten Gebiete in einem Atlas.

6 Nenne die Gebirge der amerikanischen Westküste. Was kannst du über ihre Entstehung und Entwicklung sagen?

7 Der Ural gilt als Endstadium des Wilson-Zyklus. Erläutere diese Aussage.

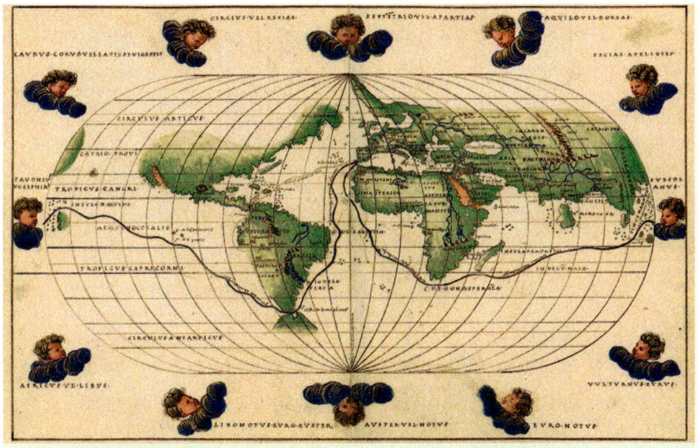

→ 2 Weltkarte von B. Agnese mit der Expeditionsroute Magellans um 1544

→ 3 Ptolemäische Weltkarte um 1466

Die Dimensionen der Ozeane

Der Weg nach Westen • Im Vergleich zu den heutigen Verhältnissen standen den europäischen Entdeckern des Globus für ihre Fahrten eher langsame Segelschiffe zur Verfügung: Karavellen oder Karacken des 15. Jahrhunderts konnten unter optimalen Bedingungen ca. 10 Knoten (1 kn = 1 Seemeile pro Stunde = 1,852 km/h) zurücklegen.
Da die Europäer – hier besonders die Portugiesen und Spanier – einen Weg finden wollten, um das Handelsmonopol der Araber für Gewürze zu umgehen, wurde damals der Erdumfang und damit die Wegstrecke nach Indien intensiv diskutiert. Der Weg nach Westen wurde langsam begangen und das Kap Finisterre – an der Westküste von Galicien im Nordwesten Spaniens – spricht seine eigene Sprache: *finis terra* bedeutete nichts anderes als das westliche Ende der damals bekannten Erde.

Kugel oder Scheibe • Im Weltbild jener Zeit waren die Vorstellungen über die Erde uneinheitlich. In fortschrittlichen Kreisen wurde sie bereits kugelförmig gedacht, anderen Orts aber eben als Scheibe angenommen. Als ein Hinderungsgrund, den Atlantik Richtung Westen zu befahren, kann die Vorstellung von der Erde als Scheibe gelten, über deren Rand man dann unweigerlich hinabstürzen müsste. Auch die Bilder von schiffsverschlingenden Ungeheuern waren unter Seefahrern geläufig und gefürchtet.
Die Kugelgestalt der Erde war bereits im antiken Griechenland bekannt. ERATOSTHENES hatte 250 v. Chr. herausgefunden, dass die Strecke Alexandria–Syene 7,2° des Erdumfangs ausmacht und der Äquator einer kugelförmigen Erde damit 26 640 römische Meilen (39 474 km) lang wäre.

Weltumsegelungen • MAGELLAN bzw. ELCANO, der die Reise anstelle MAGELLANS beendete, waren die Ersten, die mit ihrer Weltumsegelung nachweisen konnten, dass die Erde tatsächlich eine Kugelgestalt besitzt. Auch die Näherungen über den tatsächlichen Erdumfang konnten korrigiert werden. Der eigentliche Zweck der Reise wurde allerdings nicht erreicht: Es wurde keine alternative Route für den Gewürzhandel mit den Molukken gefunden. Die befahrene Route war nicht kürzer als die der Portugiesen um Afrika herum nach Indien. MAGELLANS Weg erwies sich als zu lang und unpraktikabel.
Aber schon damals bedeutete jeder Informationsvorsprung schon einen kaum zu überschätzenden wirtschaftlichen Vorteil, von dem wiederum der Wohlstand der betroffenen Staaten abhing. Spanien und Portugal, später auch die Niederlande, England sowie alle anderen Kolonialmächte traten in einen unerbittlichen Wettstreit um die Einflusssphären auf den neu entdeckten Kontinenten – und ihre Wege führten über das Meer. Aus der Verknüpfung wirtschaftlicher und wissenschaftlicher Interessen konnte sich ein neues Bild der Welt entwickeln, an dem auch heute noch gefeilt wird. KOLUMBUS, MAGELLAN und andere haben uns die Form und Oberfläche der Erde gezeigt. Wieder andere, wie z. B. ALFRED WEGENER, deckten funktionale Aspekte der Geologie und Geografie auf.

→1 Weltumsegelung von MAGELLAN und ELCANO

→2 Entdeckung der Magellanstraße

Plattentektonik

Kontinentaldrift • Heute ist die Kugelgestalt der Erde zu einer Selbstverständlichkeit geworden. Die geologischen und geografischen Forschungen setzen ihren Schwerpunkt auf die Suche nach Ursachen und Zusammenhängen in der Verteilung der Kontinente und Ozeane.

Durch die Arbeiten von Alfred Wegener (1880 bis 1930) wurde bekannt, dass die Kontintente eine wechselseitige seitliche Passform besitzen. Er erkannte dies nicht allein an der äußeren Form, sondern auch an nah verwandten Pflanzengruppen und Gebirgszügen mit Schliffspuren von Gletschern. Diese rücken erst dann in eine räumliche Nähe, wenn man die Kontinente gemäß ihrer Passform „zusammenschiebt". Wenn sich aber die Kontinente aufeinander zu- und voneinander wegbewegen sollen, so bedarf es eines Motors. Diesen konnte Wegener aber nicht identifizieren und blieb damit der Wissenschaft einen endgültigen Beweis für seine Theorie schuldig.

Beobachtungen, die von unterschiedlichen Seiten zusammengetragen wurden, liefern heute ein vollständigeres Bild:

- Bergwerke wurden bereits von Steinzeitmenschen und vielen nachfolgenden Kulturen angelegt, um Feuerstein, Zinn, Eisen usw. zu fördern. Steigt man dort in die Tiefe, so nimmt die Temperatur mit ≈ 3 Grad je 100 m zu. Bereits in einer Tiefe von 9 km kann das Gestein verformbar sein. Tiefenbohrungen müssen deshalb oft eingestellt werden.
- Spätestens bei einem Vulkanausbruch wird deutlich, dass die Zustände im Erdinnern flüssiges Gestein hervorbringen können.

Es liegt also die Schlussfolgerung nahe, dass die starren, kalten Kontinente auf einer Schicht flüssigen Gesteins treiben und ihre Bewegungen vollziehen. Einen ersten echten Beweis dafür lieferte die Erforschung des Meeresbodens.

Mittelozeanische Rücken • Denkt man sich in einem topografischen Modell das Wasser aus den Ozeanen weg, kommen zwischen den Kontinenten große Gebirgszüge zum Vorschein – die mittelozeanischen Rücken. So befindet sich z. B. etwa auf halber Strecke zwischen dem afrikanischen und dem südamerikanischen Kontinent ein Gebirge, dessen

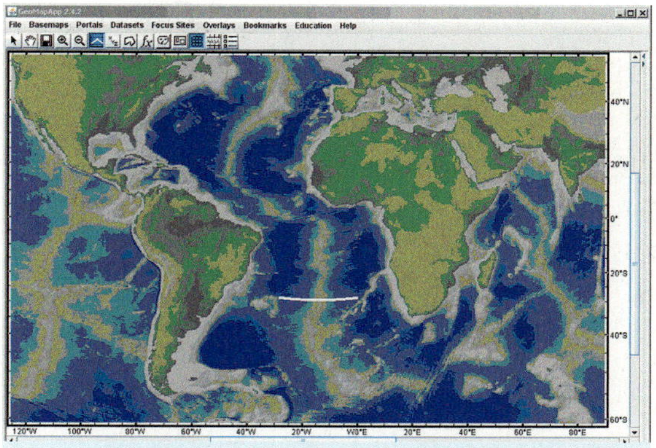

→ 1 Topografie des Atlantiks mit seinem mittelozeanischen Rücken. Die weiße Linie entspricht dem Querschnitt. [→ 2]

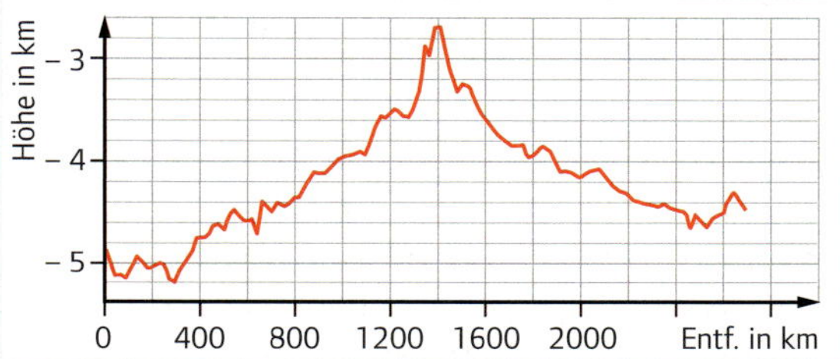

→ 2 Querschnitt durch den Mittelatlantischen Rücken

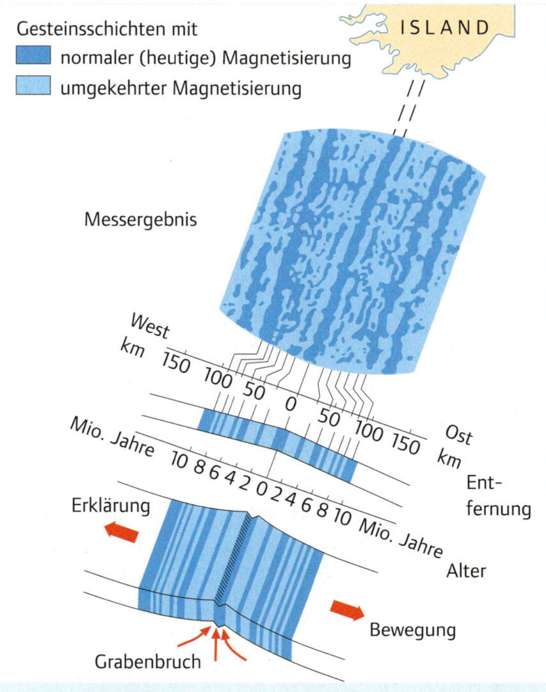

→ 3 Bänder gleicher Magnetisierungsrichtung am Meeresboden

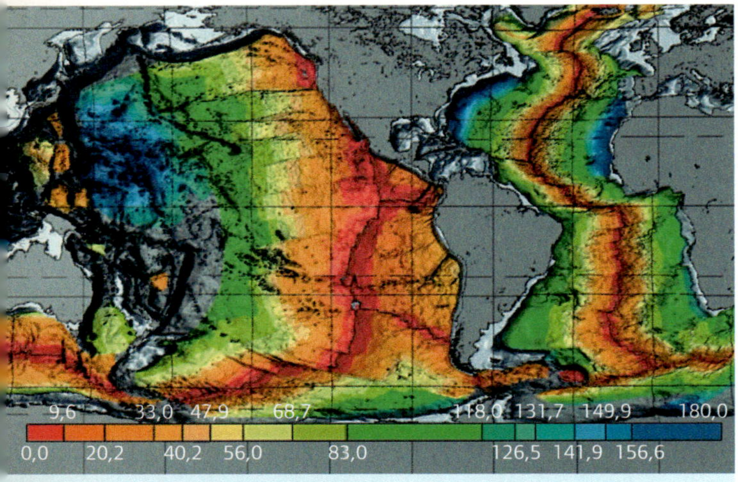

→1 Alter der Ozeankruste

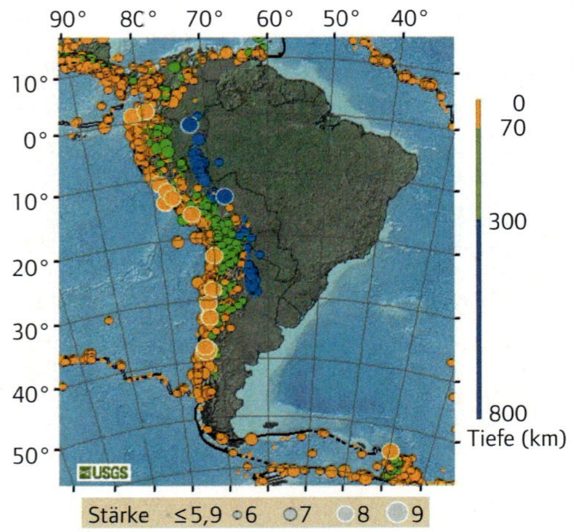

→2 Erdbebenverteilung nach Stärke und Tiefe des Erdbebenherds

Verlauf in etwa die Küstenlinien nachzeichnet – der Mittelatlantische Rücken. [→S. 9/1, 2] Er erstreckt sich von der Arktis bis zur Bouvet-Insel. Eine genauere Untersuchung des Mittelatlantischen Rückens lieferten 1968 die Tiefseebohrungen der Glomar-Challenger-Expedition. Diese Daten reichten aber noch nicht aus, um die verschiedenen Alter des Gesteins um den Mittelatlantischen Rücken zu erklären. Hier konnten die Geologen weitere Erkenntnisse nutzen.

Messungen des Magnetfelds im Gestein am Mittelatlantischen Rücken ergaben ein spiegelsymmetrisches Streifenmuster mit wechselnder Magnetisierung parallel zur Mittelachse. [→S. 9/3] Das Magnetfeld der Erde hat sich im Verlauf der Erdgeschichte mehrfach umgepolt. Diese Informationen sind im Gestein um den Mittelatlantischen Rücken gespeichert. Das ist aber nur dann möglich, wenn dieses Gestein beim Austritt an die Erdoberfläche flüssig war. Nur so konnte es im Moment der Erstarrung die Ausrichtung des aktuellen Magnetfelds annehmen und speichern. Hiermit war der Beweis erbracht, dass glutflüssige Lava am Mittelatlantischen Rücken austritt und dann erstarrt. Mit diesem Vorgang wird der Meeresboden am Mittelatlantischen Rücken verbreitert und schiebt die Kontinente von sich weg – der Ozeanboden verbreitert sich.

Superkontinent-Zyklus • Die Magnetstreifen entlang der mittelozeanischen Rücken bilden ein weltweit erkennbares Muster, wobei die jüngsten Ozeanböden aus dem Pleistozän (Alter ca. 0–5 Mio. Jahre) stammen. Die ältesten stammen etwa aus dem mittleren Jura (Alter ca. 160–190 Mio. Jahre). Es gibt also junge und alte Ozeankrusten bzw. auch jüngere und ältere Ozeane. [→1]

Bei dieser Betrachtung gibt es allerdings eine Ungereimtheit: Verbreitern sich zu beiden Seiten eines Kontinents die Ozeanböden, so schieben beide mittelozeanischen Rücken Ozeanboden gegen den Kontinent – wie z. B. an Südamerika. Dieser bewegt sich dann mit einer Geschwindigkeit von einigen Zentimetern bis max. 18 cm pro Jahr. Wo aber bleibt die ständig nachproduzierte ozeanische Kruste, ohne dass sich die Oberfläche der Erde vergrößert? Diese Frage lässt sich mithilfe verschiedener Beobachtungen beantworten.

Entlang der Gebirge an der Westseite des amerikanischen Kontinents finden sich sowohl Vulkane als auch eine große Zahl von Erdbebenzentren. [→2] Aber erst aus Bild [→S. 11/1] wird deutlich, in welcher Tiefe sich die Zentren der Erdbeben wirklich befinden. Es zeigt die Zone der Verteilung von Tiefenbeben bis in eine Tiefe von ca. 800 km am Beispiel der Westküste Südamerikas. Die Verteilung zeigt eine Art „Erdbebenzunge“. Diese verläuft vom Rand unter einem Winkel von etwa 40° bis unter den Kontinent. Hier taucht die ozeanische Kruste unter den Kontinent und schmilzt ab einer Tiefe von

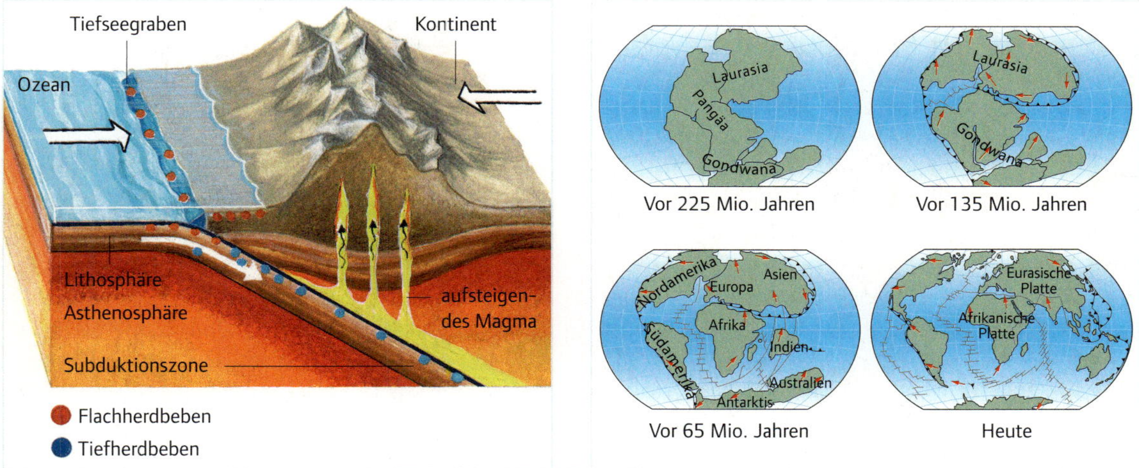

→1 Bewegung der Kontinente

700 km langsam auf. Abtauchen und Temperaturunterschiede lösen die Tiefenbeben aus, da Spannungen im Gestein aufgebaut werden und sich dann schlagartig lösen. Der Bereich, in dem sich eine Platte unter die andere schiebt, wird als Subduktionszone bezeichnet. Gebirge, die hier entstehen, werden randlich „angeschweißt" und vergrößern den Kontinent. [→1]

Wilson-Zyklus • Da die Meere ihre Größe und die Kontinente ihre Lage im Verlauf der Jahrmillionen verändern, muss man die Entwicklung des Atlantiks, des Pazifiks, des Roten Meeres und aller Meere bzw. Ozeane, die einen mittelozeanischen Rücken besitzen, sowie der Kontinente neu betrachten. So hatte der Pazifische Ozean früher einmal die Größe des Atlantiks, der Atlantik einmal die Größe des Indischen Ozeans usw. Die Ozeane lassen sich entsprechend ihrer Entstehung in eine zeitliche Reihenfolge bringen – den Wilson-Zyklus. [→A] Der Pazifik war also einmal in einem Atlantik-Stadium und befindet sich jetzt kurz vor seiner größtmöglichen Ausdehnung. Der Atlantik wird einmal in das Pazifik-Stadium übergehen. Parallel dazu wandern die

Stadium	Merkmale	Beispiel
Grabenstadium (Riftstadium)	Grabenbrüche (Bruchzonen auf den Kontinenten) fördern das Aufreißen von tiefer greifenden Schwächezonen, in die Magma eindringt.	großer afrikanischer Grabenbruch Oberrheintalgraben
Junges Stadium (Rotes-Meer-Stadium)	Der Kontinent ist durch die Bildung neuen Ozeanbodens bereits aufgerissen, die beiden getrennten Teile entfernen sich voneinander.	Verlängerung des afrikanischen Grabenbruchs – das Rote Meer
Reifestadium (Atlantikstadium)	Die Platten haben sich bereits weit voneinander entfernt. Durch Eindringen von Magma in den mittelozeanischen Rücken wird neuer Meeresboden produziert. Die Entfernung der Platten nimmt weiter zu.	Atlantischer Ozean
Schrumpfungsstadium (Pazifikstadium)	Die Neuproduktion von Meeresboden verlangsamt sich. Es überwiegt das Abtauchen an zusammenhängenden Plattengrenzen.	Pazifischer Ozean
Resorptionsstadium (Mittelmeerstadium)	Ein weitgehend geschlossenes Stadium, bei dem der ursprünglich zwischen den Platten befindliche Ozeanbereich nur noch in Restmeeren existiert. Es kommt zur Kollision von kontinentalen Gesteinsmassen.	Schwarzes Meer, Kaspisches Meer, Mittelmeer mit Alpenraum
Kollisionsstadium (Himalajastadium)	Der völlig geschlossene Zustand zwischen den Platten führt zur Beendigung der Bewegung. Als Resultat sind stark zusammen- bzw. hoch aufgeschobene Faltengebirge entstanden.	Himalaja, Uralgebirge

→A Wilson-Zyklus – der Ablauf eines kompletten Zyklus dauert etwa 200 bis 250 Mio. Jahre.

Kontinente nicht willkürlich hin und her, sondern formen in mehr oder weniger regelmäßigen Abständen einen einzigen zusammenhängenden Superkontinent. So gab es vor 200 Mio. Jahren im Jura den Kontinent „Pangäa". [→ S. 11/1] Dieser zerbrach dann in zunehmend mehr Einzelteile, bis schließlich die heutige Zahl der Kontinente erreicht war. Auch diese ist nicht konstant, da Afrika entlang des Großen Grabenbruchs gespalten wird, sich das Rote Meer in dessen Verlängerung verbreitert usw. Das Zusammenwachsen und Zerfallen eines Superkontinents ist in der Erdgeschichte kein einmaliges Ereignis, sondern wiederholte sich seit etwa 2,7 Mrd. Jahren mindestens 5-mal vor der Existenz Pangäas.

Erdbeben

Anzahl und Stärke • Neben Vulkanausbrüchen zählen Erdbeben zu den verheerendsten Naturkatastrophen. Die meisten der bis zu 30 000 Erdbeben, die jährlich registriert werden, sind jedoch so schwach, dass sie nur von sehr empfindlichen Seismografen aufgezeichnet werden.

Die Stärke der Erdbeben wird meist durch die Richterskala angegeben. Sie basiert auf der Messung von Amplituden in Seismogrammaufzeichnungen [→ 2], die auf eine Entfernung von hundert Kilometern zum Epizentrum normiert werden. Jeder Schritt auf der Richterskala bedeutet eine Verzehnfachung der Amplitude und eine 32-mal stärkere Energiefreisetzung. Ein Beben der Stärke 9,0 ist also 1000-mal energiereicher als eines der Stärke 7,0. Ab der Stärke 5,0 treten Zerstörungen auf.

Erdbebenzonen • Wie beim Vulkanismus ist auch das Vorkommen von Erdbeben eng mit der Struktur der Lithosphäre verbunden. Die meisten Erdbeben treten entlang der Plattenränder auf. [→ 3]
80 % aller aufgezeichneten Beben sind im Bereich des zirkumpazifischen Feuergürtels anzutreffen. [→ 3] Weitere 15 % liegen in einer Zone zwischen Gibraltar und Südostasien. Die meisten großen Erdbeben, wie z. B. vor Japan, Indonesien oder Chile, treten an den Subduktionszonen auf, wo sich ozeanische Platten unter die Kontinente schieben.

OBS-Systeme • Kleinste Spannungen und Verformungen im Gestein des Meeresgrunds könnten hierbei wichtige Warnsignale für den nächsten großen Bruch geben. Um das „untermeerische Grollen" messtechnisch erfassen zu können, bedient man sich seit den 1980er Jahren der Ozeanboden-Seismometer-Systeme (OBS-Systeme).
Ein OBS ist ein autonomes System. Es wird von einem Forschungsschiff zu Wasser gelassen und sinkt dank seines Ankergewichts auf den Meeresboden. [→ S. 13/1] Dort registriert es mit einem Hydrophon den Wasserschall und mit Geophonen feinste seismische Signale auf dem Meeresboden. Nach Ende des Untersuchungszeitraums wird mit einem vom Schiff ausgesendeten akustischen Signal der Anker gelöst und das OBS steigt wieder an die Wasseroberfläche auf.

→ 1 Mit einer Stärke von 8,8 auf der nach oben offenen Richterskala gehört das Beben vom 27. 02. 2010 in Chile zu den stärksten je registrierten Erdbeben.

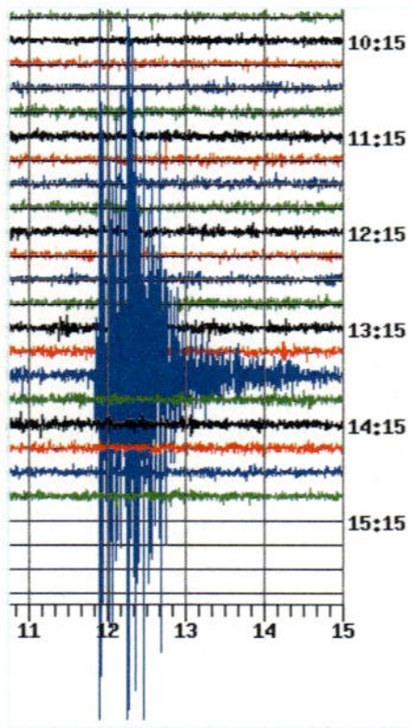

→ 2 Aufzeichnung eines Seismografen

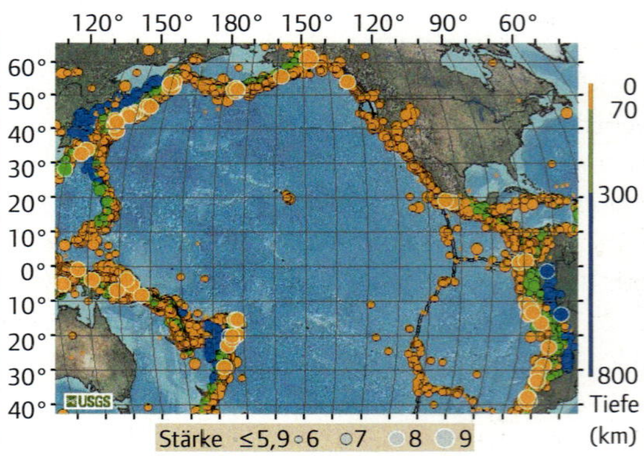

→ 3 Erdbeben im pazifischen Raum und an der Westküste Amerikas

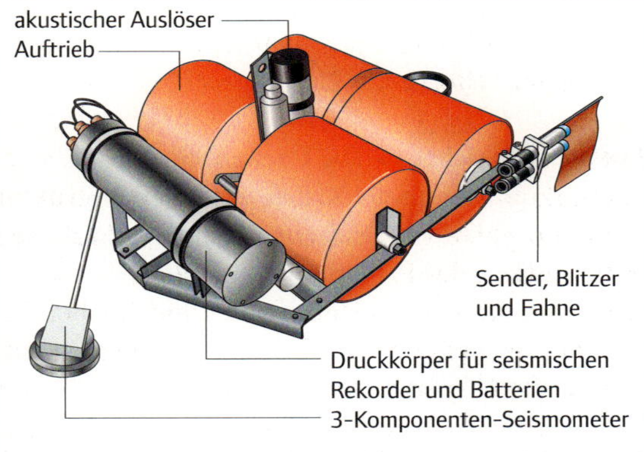

→1 Ozeanboden-Seismometer-System – misst die seismischen Signale, die bei tektonischen Bewegungen oder vulkanischen Beben entstehen. Laufzeiten und Amplituden werden ausgewertet.

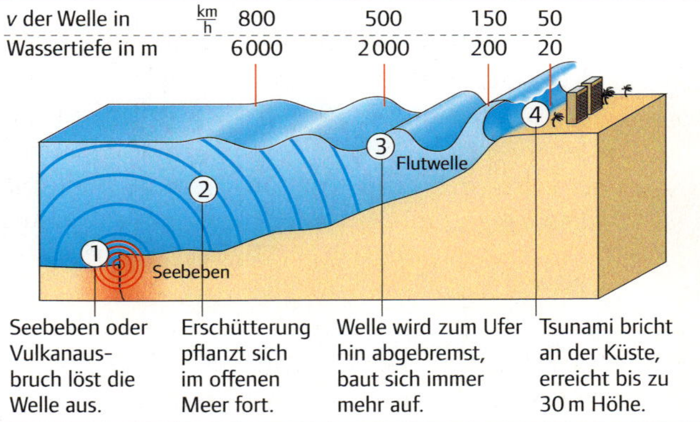

→2 Erst ab einer Stärke von 7 auf der Richterskala, wenn das Zentrum nahe unter dem Meeresboden liegt und es eine vertikale Verschiebung des Meeresbodens verursacht, erhöht sich die Wahrscheinlichkeit für die Entstehung eines Tsunamis.

Tsunamis

Hafenwelle • Tsunamis entstehen durch massive Wasserbewegung oder -verdrängung. Sie werden durch Erdbeben, Hangrutschungen, Meteoriteneinschläge oder Vulkanausbrüche ausgelöst. Besonders bei Erdbeben kommt es häufig zu plötzlichen Hebungen oder Senkungen des Meeresbodens. Dadurch gerät die gesamte Wassersäule oberhalb des Epizentrums in Bewegung. Während Tsunamis auf dem Ozean sehr klein sind, türmen sie sich an den Küsten zu riesigen Wellen auf. Daher stammt auch der Begriff Tsunami. Er bedeutet Hafenwelle und ist von japanischen Fischern geprägt worden, die vom Fischfang zurückkehrten und im Hafen alles verwüstet vorfanden, obwohl sie auf offener See keine großen Wellen beobachtet hatten. [→3]

Tsunamis können bis zu 950 km/h schnell und an der Küste über 30 m hoch werden. Anders als Sturmwellen dringen sie weit ins Landesinnere ein und können dabei ganze Küstenstreifen verwüsten.

Am 26. Dezember 2004 löste ein Erdbeben der Stärke 9,3 einen Tsunami im Indischen Ozean vor Sumatra aus, der 4500 Kilometer weit raste. Er wurde zu einer Jahrhundertkatastrophe, denn er tötete über 200 000 Menschen.

Falls man sich in einem Gefahrengebiet befindet, gibt es einige sehr einfache Ratschläge: Wenn man an der Meeresküste starke Erdstöße oder schwache Erdstöße von mehr als fünf Sekunden Dauer spürt, sollte man sich so schnell wie möglich vom Ufer entfernen und so hoch wie möglich laufen. Genauso sollte man reagieren, wenn sich das Meer plötzlich ungewöhnlich weit zurückzieht.

Frühwarnsystem • Den Gefahren kann durch Frühwarnung sowie breite Information der Öffentlichkeit begegnet werden.

Ein Tsunami-Frühwarnsystem benutzt viele Komponenten, um verlässlich vor Tsunamis warnen zu können. Weltweite Erdbebenstationen ermöglichen eine sehr schnelle Rekonstruktion der Stärke und Lage eines Erdbebens. Damit kann abgeschätzt werden, ob das Erdbeben vermutlich einen Tsunami ausgelöst hat. Präzise Drucksensoren auf dem Meeresboden erlauben es, Tsunamis auf dem offenen Ozean zu messen. Höhe und Ankunftszeit können

→3 Am 11. 03. 2011 löst ein Erdbeben der Stärke 9,0 einen Tsunami an der Ostküste Japans aus.

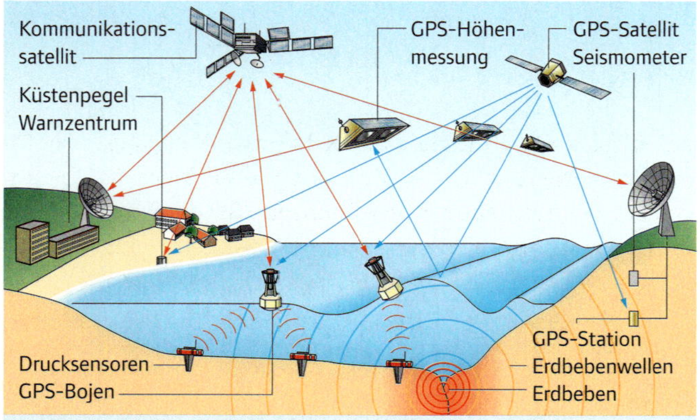

→ 1 Tsunami-Frühwarnsystem

dann präzisiert werden. Unmittelbarer Bestandteil eines jeden Warnsystems ist die Entwicklung von Evakuierungsplänen sowie die Schulung der Bevölkerung.

Sedimentation in Ozeanbecken

Sedimentschichten • Die Ozeanbecken und die sie aufbauende ozeanische Kruste durchlaufen eine dynamische Entwicklung: Zu beiden Seiten des mittelozeanischen Rückens nimmt das Alter der ozeanischen Kruste nach außen hin zu. Deshalb stand ihr dort auch mehr Zeit zur Verfügung, um Sedimente anzusammeln. Nahe am mittelozeanischen Rücken beträgt die Mächtigkeit der Sedimente oft nur wenige Zentimeter bzw. die Kruste liegt frei. Zu den Beckenrändern hin nimmt die Sedimentmächtigkeit stetig zu. [→ 2] In der Nähe einiger kontinentaler Regionen erreicht sie eine Dicke von mehreren Tausend Metern. In diesen Gebieten lässt sich z. B. anhand von Mikrofossilien oder Mineralien die Entwicklungsgeschichte der Ozeanbecken nachvollziehen.

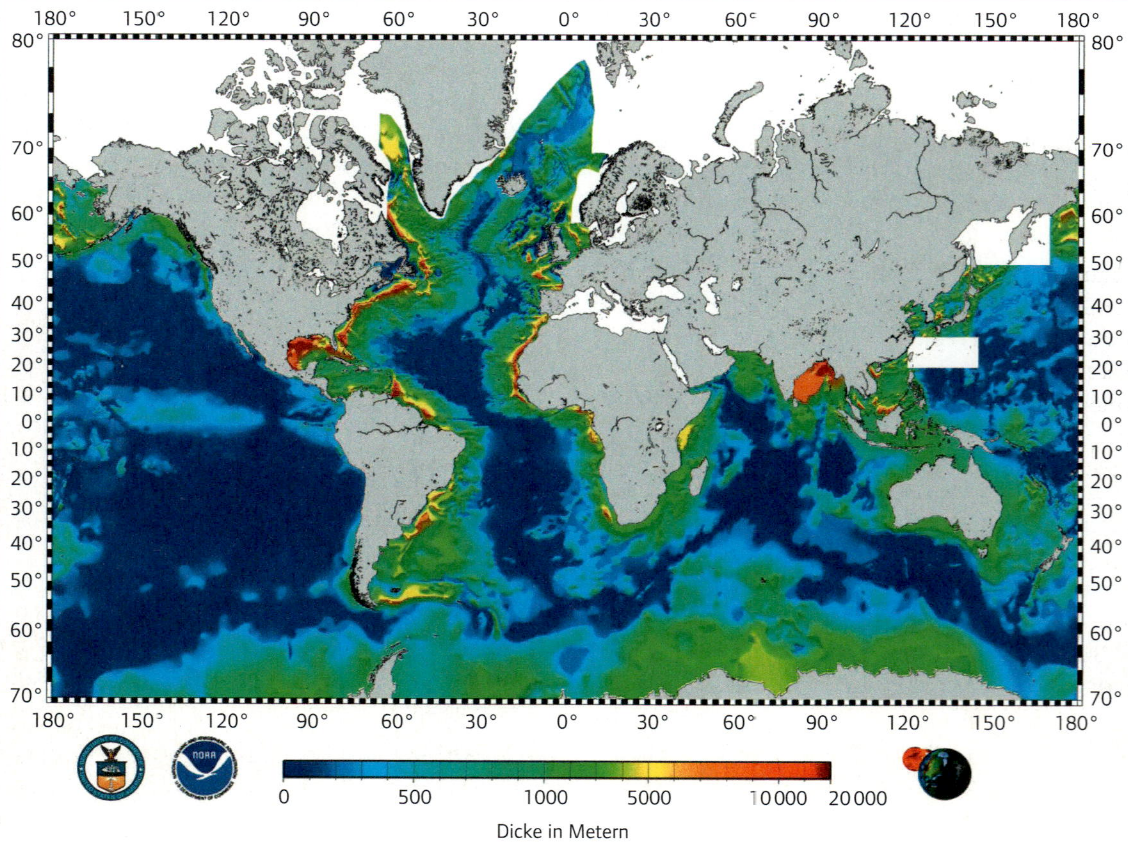

→ 2 Mächtigkeit der Sedimentschichten in den Ozeanen

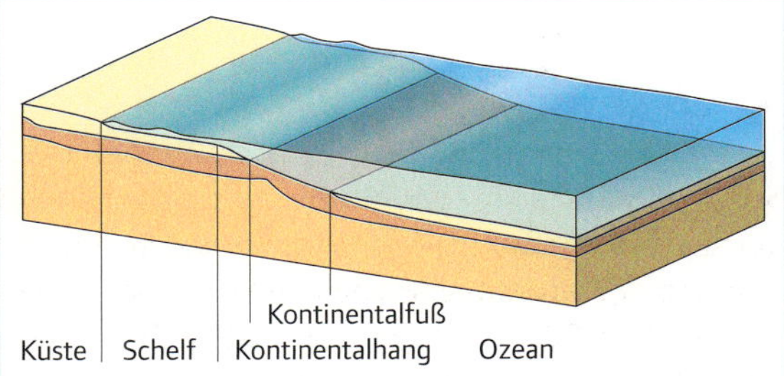

→ 1 Aufbau des Randes eines ozeanischen Beckens

Sedimentationsraten • In den offenen Ozeanen sind sie sehr gering. In den landfernen Regionen betragen sie nur wenige Millimeter pro tausend Jahre. Kalkschalen aus dem Oberflächenwasser, die zum Sediment beitragen und wertvolle Umweltinformationen liefern könnten, zersetzen sich unterhalb einer bestimmten Tiefe. Die von den Kontinenten über die Flüsse antransportierten Sedimente lagern sich meist in geringen Wassertiefen auf dem kontinentalen Schelf ab. [→ 1] Die großen Tiefseebecken der Ozeane erfahren daher nur einen Eintrag von feinkörnigem Sedimentmaterial. Dieses wird vorzugsweise mit dem Wind herangeführt.
Im Oberflächenwasser der Ozeanbecken findet infolge des Nährstoffmangels nur eine geringe biologische Produktivität statt. Dadurch wird nur wenig Sauerstoff für die Oxidation organischer Stoffe verbraucht. Im Wasser befindet sich also überall gelöster Sauerstoff. Im Sediment liegt daher z. B. Eisen als Eisen(III)-oxid (Fe_2O_3) vor und bedeckt als rötlicher Überzug die feinkörnigen Ablagerungen. Am Kontinentalhang werden die vom Kontinent herangeführten Sedimentströme, nach ihrer Korngröße geschichtet, abgelagert. Vor den Mündungen großer Flusssysteme erreichen diese Schlämme und Sedimentfächer Mächtigkeiten von Hunderten bis Tausenden von Metern.

Paläoklima – Klimageschichte

Klimafaktoren • Auf der Erde hat die Veränderung in der Verteilung der Landmassen und Meeresgebiete weitreichende Konsequenzen für die Entwicklung des globalen Klimas. Bewegungen von Luftmassen und Meeresströmungen kontrollieren die Verteilung von Niederschlägen und Klimazonen:
- Der aus dem Golf von Mexiko nach Nordosten über den Atlantik verlaufende Golfstrom sorgt für das milde Klima in Nordwesteuropa.
- Die nach Plattenkollisionen aufgetürmten Gebirgsmassive des Himalaja steuern nach ihrer Entstehung vor ca. 35 Mio. Jahren die Luftmassenbewegungen und hier besonders die Monsunaktivität in Asien.
- Sind große Landmassen in den Polarregionen vorhanden, fördert das die Entstehung lang andauernder Kaltzeiten, da Eiskappen auf dem Land sehr stabil sind.
- Die Meeresströmungen, die für eine Umverteilung der thermischen Energie auf der Erde von entscheidender Bedeutung sind, werden von der Form und Lage der Ozeane entscheidend beeinflusst: Die gegenwärtige Anordnung der Ozeane begünstigt die Entstehung globaler Strömungen,

→ 2 Eiskern aus über 3000 m Tiefe

→ 3 Eisbohrkern

die einen starken Wärmeaustausch zwischen den Polar- und Tropenregionen bewirken.
- In Zeiten, in denen ein geringerer Wärmeaustausch zwischen Pol und Äquator stattfindet, findet auch eine deutlich geringere Zufuhr von Oberflächenwasser in tiefe Meeresbecken statt. Diese werden dann mit wenig Sauerstoff versorgt. Warme und sauerstoffarme Tiefenwasser begünstigen die Entstehung großflächiger Meeresbereiche, in denen Sedimente abgelagert werden. Diese Gesteine – reich an organischem Material – sind geeignet, aus den Resten mariner Organismen Erdöl und Erdgas zu bilden.

Geologische Archive • Gerade in Zeiten, in denen Eingriffe des Menschen in den Klimahaushalt und deren nachteilige Auswirkungen diskutiert werden, sind Kenntnisse über die natürlichen Veränderungen des Klimas von großer Hilfe. Die in den Ozeanen und vor allem in den Randmeeren abgelagerten Sedimente stellen sogenannte geologische Archive dar. Ihre Auswertung ermöglicht es, die bei der Ablagerung herrschenden Umweltbedingungen zu rekonstruieren. Für eine präzise Bestimmung der Entwicklung des Klimas über viele Millionen Jahre, ist eine gleichmäßige und kontinuierliche Ablagerung der Sedimente sehr hilfreich.

Vor 20 000 Jahren befand sich die Erde noch im Kältestadium der letzten Eiszeit – dem glazialen Maximum. Dieses wurde von einer massiven Klimaerwärmung abgelöst. Solche Klimaschwankungen sind in der geologischen Geschichte häufig und lassen sich in Meeressedimenten gut nachverfolgen. Auf dem Land ist dies ungleich schwieriger. Hier führt die Erosion meist zu einer Entfernung der Sedimente. Von vergleichbarer Qualität zu den marinen Geoarchiven sind allein noch die großen, mehrere Kilometer mächtigen Eisschilde in der Arktis, Antarktis und in Grönland sowie manche Seen.

Da das Eis durch die rhythmische Schneeanreicherung in jährlicher Schichtung abgelagert wird, kann man die einzelnen Jahresschichten abzählen, wie die Wachstumsringe eines Baumes. [→ S. 15/2, 3] An Eiskernen, die in diesen Regionen erbohrt wurden, lässt sich die Klimaentwicklung bis ca. 400 000 Jahre (max. 800 000 Jahre) zurückverfolgen. Marine Sedimente erlauben dagegen eine Klimarekonstruktion über mehrere Millionen Jahre.

Altersbestimmung mariner Sedimente • In marinen Sedimenten ist nur in den seltensten Fällen eine Jahresschichtung erkennbar. Die Sedimente werden deshalb sorgfältig mit unterschiedlichen Methoden auf ihr Ablagerungsalter hin datiert. Hierzu kann bis zu einem Alter von ca. 50 000 Jahren die Radiokarbonmethode verwendet werden. Dabei wird der Anteil des radioaktiven Kohlenstoffisotops C-14 relativ zu den stabilen Kohlenstoffisotopen bestimmt. Da sich dieser Anteil in organischen Stoffen wie Holz, Schalen ... etwa alle 5380 Jahre halbiert, ist eine genaue Altersbestimmung möglich.

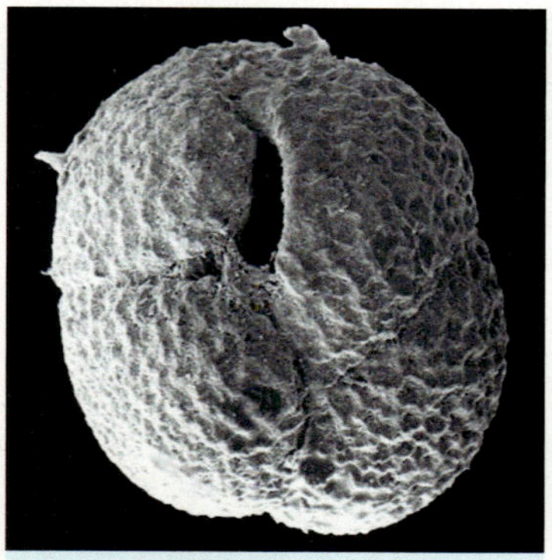

→ 1 *Neogloboquadrina pachyderma* bevorzugt kühlere Wassertemperaturen von weniger als 8 °C.

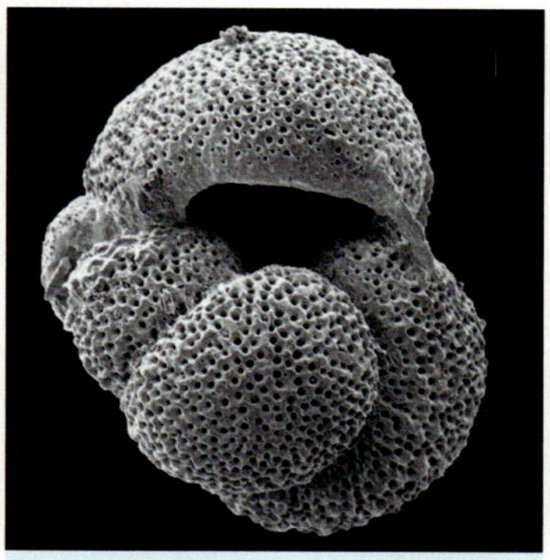

→ 2 *Globigerina bulloides* findet optimale Lebensbedingungen bei 17 °C, toleriert mittlere Wassertemperaturen zwischen 10 und 25 °C.

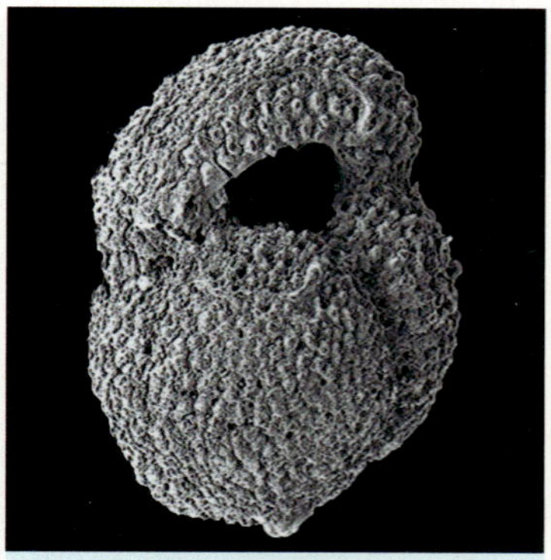

→ 3 *Globigerinoides ruber* benötigt Temperaturen von mindestens 16 °C, gedeiht jedoch am besten bei einer Temperatur von mehr als 23 °C.

Biologische Methode der Altersbestimmung • Sie beruht auf der zeitlich begrenzten Anwesenheit bestimmter Organismen oder Organismengruppen – von sogenannten *Leitfossilien*. Die Zusammensetzung der Mikrofossilien in einer Schicht gibt anhand der bevorzugten Umweltansprüche der vorgefundenen Organismen z. B. Auskunft über die Wassertemperatur, den Salzgehalt, die Nährstoffverfügbarkeit und darüber, ob das Milieu sauer oder alkalisch war – Bedingungen, auf die die Organismen entweder positiv mit Massenauftreten oder negativ mit einem Bestandsrückgang oder sogar Aussterben reagiert haben. Eine relative Bestimmung des Paläoklimas anhand der Verteilung von wärmeliebenden gegenüber kälteliebenden Arten ist somit möglich.
Zur Klimarekonstruktion sind die in Ozeanen verbreitet auftretenden Einzeller (*Foraminiferen*) aufgrund ihrer gut erhaltenen Gehäuse bestens geeignet. Die Verteilung der Foraminiferenarten in einem Sediment erlaubt die Abschätzung der Wassertemperatur bei seiner Ablagerung. [→ S. 16/1–3]
Von den Umweltbedingungen hängt der Aufbau der Schalen und anderer Hartteile mariner Organismen ab. So bauen z. B. einzelne Foraminiferen ihre Gehäuse temperaturbedingt rechts- oder linksdrehend auf. Die *Neogloboquadrina pachyderma* [→ S. 16/1] produziert bei Temperaturen bis zu 8 °C linksdrehende Gehäuse, oberhalb dieser Temperaturgrenze werden die Gehäuse rechtsdrehend aufgebaut.

Klimaverlauf • Über die letzten glazialen Zyklen lässt sich der Klimaverlauf ablesen. [→ 1] Es zeigt sich ein Sägezahnmuster, das für jeden Zyklus eine sehr schnelle Erwärmungsphase, gefolgt von einer lang andauernden Abkühlungsphase aufweist. Hierbei zeigen die Klimaarchive für die globale Klimaentwicklung eine hervorragende Übereinstimmung, die durch markante Klimaextreme untermauert wird.

Klimaextreme • Für die Atlantikregion lassen sich in Eiskernen Temperaturmaxima erkennen. Diese werden von einem in marinen Sedimenten archivierten Temperaturminimum begleitet: Während der Kaltperioden war das Vordringen des Meereises und die Verdriftung von Eisbergen in südlichere Bereiche des Atlantiks möglich. Die mitgeführten Gesteinspartikel kamen im offenen Ozean zur Ablagerung – weit von den Kontinenten entfernt.
Das jüngste dieser Ereignisse fand vor ca. 11 600 bis 12 600 Jahren statt. Diese Periode kurzfristiger Abkühlung in der Erwärmungsphase nach der letzten Eiszeit wird als Jüngere Dryas (YD) bezeichnet. In Europa ist sie durch einen Temperaturrückgang von 3 bis 5 °C gekennzeichnet. Da dieser Temperaturabfall und der Temperaturanstieg innerhalb eines Zeitraums von nur 30 bis 50 Jahren erfolgte, gilt dieses Ereignis als Beleg dafür, wie schnell sich massive Klimaveränderungen auf natürlichem Weg ereignen können. Dieses Beispiel zeigt auch, in welchen Zeiträumen sich menschlich verursachte Klimavariationen abspielen könnten.
Fortschritte in den Untersuchungsmethoden und eine ständig wachsende Anzahl von Untersuchungsorten ermöglichen es, immer genauere Klimarekonstruktionen vorzunehmen. Die Informationen über vergangene Zustände und kritische Wendepunkte des Weltklimas sind von entscheidender Bedeutung bei der Untersuchung der sich derzeit abzeichnenden Klimaentwicklung.
Natürliche Klimavariationen – auch diejenigen mit dramatischen Ausmaßen – entsprechen dem Normalzustand des Geosystems Erde. Für eine sinnvolle Klimapolitik ist es jedoch zwingend erforderlich, den durch Menschen verursachten Anteil an der momentanen Klimaentwicklung in seinem Ausmaß und seinen Konsequenzen klar zu erkennen. Das Studium des Paläoklimas ist hierbei das wichtigste Werkzeug zum Verständnis des komplexen Gesamtsystems Klima.

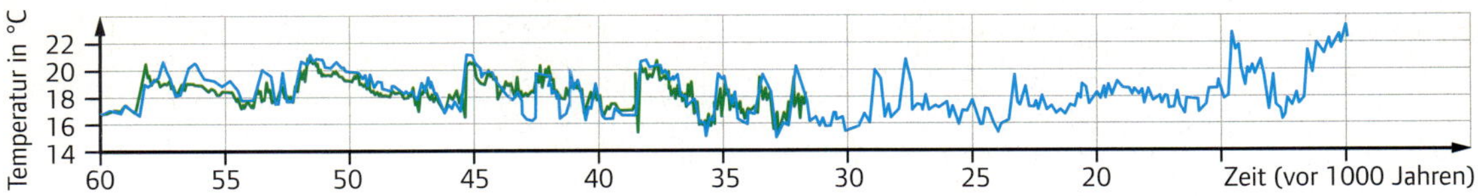

→ 1 Temperaturrekonstruktion für Sedimente des subtropischen Atlantiks und der grönländischen Eiskerne

2 Physikalische Ozeanografie

In den Erfahrungen der frühen Seefahrer waren die Ozeane unermesslich weite Regionen der Erdoberfläche, die nicht auszulotende, in der Vorstellung schreckenerregende Tiefen besaßen. Im Vergleich zu heutigen Karten lassen die mit Seeungeheuern verzierten historischen Karten erahnen, welchen Wagemut es erforderte, sich in die unbekannten Weiten aufzumachen und unseren Planeten zu erkunden. Auch heute erscheinen uns Menschen die Ozeane unendlich groß – sie sind mit dem Auge nicht zu erfassen. Als Schwimmer kann man deren große Strömungen nicht erleben.

» *Was treibt die Meeresströmungen an?*

» *Wie untersucht man die großen Ströme im Ozean?*

Ihr braucht: *Für die meisten der folgenden Experimente benötigt ihr ein schmales Wasserbecken – einen Tank. Strömungen können durch die Zugabe von Lebensmittelfarbe sichtbar gemacht werden. Die Experimente lassen sich aber auch in abgeänderter Form in kleinen Aquarien und anderen Wasserbehältnissen ausführen.*

1 Salzwasser

Teilt den Tank in der Mitte mit einem wasserundurchlässigen Stab in zwei Hälften. Füllt auf die eine Seite klares Wasser und auf die andere gefärbtes Salzwasser. Zieht dann den Stab vorsichtig heraus und beobachtet die Bewegungen im Wasser. [→ 1]

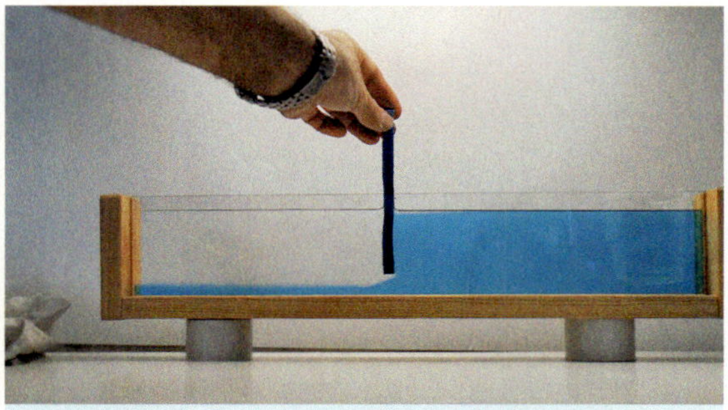

→ 1 Ausbildung einer Schichtung Druckgradientenkraft

2 Süßwasser

Wiederholt das Experiment 1. Füllt nun aber die Seite mit dem klaren Wasser nicht so hoch auf. Verwendet auf der rechten Seite diesmal klares salzfreies Wasser. In die Nähe des Plastikstabs lasst ihr einige Farbkörnchen ins Wasser fallen. Zieht nun den Trennstab etwas nach oben und beobachtet erneut die Wasserbewegung.

3 Konvektionsströmung

Befüllt den Tank mit Leitungswasser. Schiebt einen kleinen, nach unten gekrümmten Streifen aus Küchenschwamm so zwischen die Platten, dass die beiden Enden gerade an der Wasseroberfläche sind.
Befüllt den Streifen nun mit einem Gemisch aus Salz und Farbkörnchen und beobachtet das Zustandekommen der Strömung. Messt die Strömungsgeschwindigkeit. [→ 2]

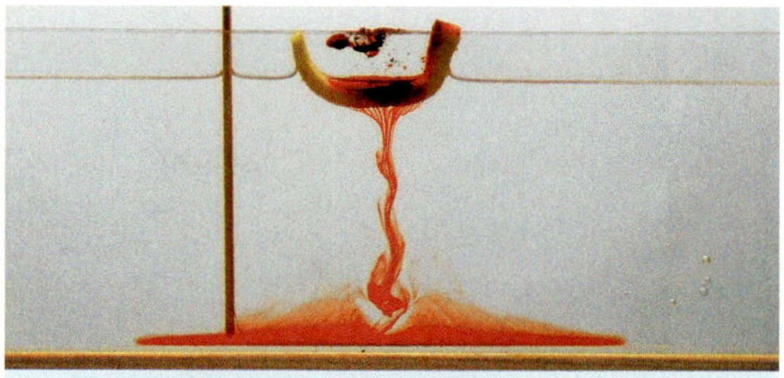

→ 2 Entstehung einer Konvektionsströmung

→ 3 Temperaturgetriebene Zirkulation

4 Temperaturunterschiede

Erzeugt wie in 1 zwei Schichten Wasser.

a Füllt nun Eiswasser in einen Joghurtbecher mit einer flachen Seite und hängt diesen an eine Seite des Tanks. Der Becher muss mit der flachen Seite möglichst eng am Tank anliegen. [→ 3] Beobachtet und beschreibt die Vorgänge im Tank.

b Was passiert, wenn statt des Eiswassers heißes Wasser in den Becher eingefüllt wird? Stellt eine Vermutung auf und überprüft diese im Experiment.

5 Schichtungen

Setzt in der Mitte des Tanks ein nicht bis an die Oberfläche reichendes, in „Bergform“ geschnittenes Stück Küchenschwamm ein und befeuchtet es dann mit einer Spritzflasche. [→ S. 20/1] Füllt die rechte Seite zur Hälfte mit stark salzhaltigem gefärbtem Wasser. Setzt auf der linken Seite wieder den kleinen Schwammstreifen ein und befüllt das Becken ganz mit Wasser. Achtet darauf, dass bei Erreichen der Gipfelhöhe das Überfließen in die rechte Hälfte des

→ 1 Schichtungsexperiment

Tanks langsam erfolgt. Füllt nun so lange ein schwach salzhaltiges, gefärbtes Gemisch in den Schwammstreifen ein, bis es zum Überströmen kommt. Beobachtet die Vorgänge auf der rechten Seite.

6 Windgetriebene Zirkulation

Befüllt einen flachen, möglichst großflächigen Tank fast randvoll mit Wasser.

a Lasst Luft aus einem Lüfter oder Föhn über die Oberfläche streichen. Setzt Farbkörner im Becken aus und beobachtet, ob und wie sich die Luftbewegung auf das Wasser überträgt. [→ 2]

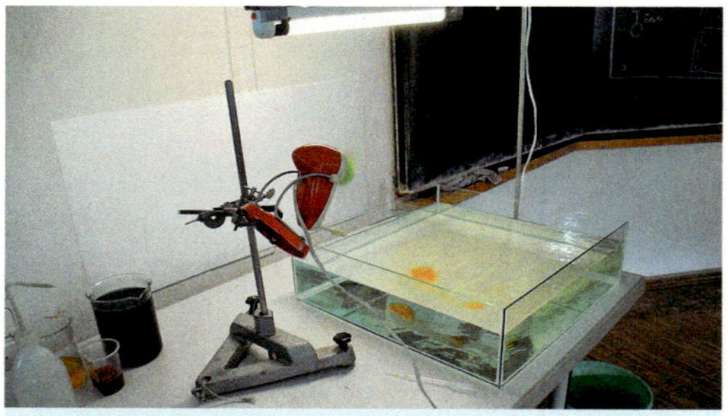

→ 2 Windgetriebene Zirkulation

b Ändert die Stärke der Luftströmung. Beobachtet und beschreibt die Veränderungen, die ihr auf der Wasseroberfläche wahrnehmen könnt.

c Gebt kontinuierlich kleine Styroporstückchen auf die Wasseroberfläche. Was ändert sich?

7 Kopplung Atmosphäre–Ozean

Das folgende Experiment soll veranschaulichen, wie es im System Sonne-Atmosphäre-Ozean zu vertikalen und horizontalen Bewegungen im Ozean kommt. Es ist komplizierter im Aufbau und zeitaufwendig in der Durchführung.

Der Aufbau [→ 3, 4] besteht aus einem inneren Tank, der einen Boden aus dünnem Kupferblech hat. Das Blech wird zur Hälfte schwarz lackiert. Das Wasser in diesem Tank soll die Atmosphäre darstellen. Erwärmt wird diese Modellatmosphäre durch eine Infrarotlampe (Sonne) über dem schwarzen Blech. Der innere Tank ragt mit dem Boden gerade in das Wasser des äußeren Tanks hinein. Das Wasser im äußeren Tank soll den Ozean darstellen. Um die Zirkulation in der Atmosphäre zu verstärken, kann auf der linken Seite des inneren Tanks noch eine Vorrichtung zur Kühlung, bestehend aus Kühlschlange, Pumpe und Eiswasserbecken, installiert werden.

a Überlegt zuerst, welche Strömungen bei diesem Aufbau zu erwarten sind. Notiert eure Vermutungen.

b Baut das Experiment auf. Beobachtet und dokumentiert die auftretenden Strömungen.

c Im Modellozean sollen die vertikalen Strömungen verstärkt werden. Überlegt, wie man die Anordnung verändern muss, und probiert es aus.

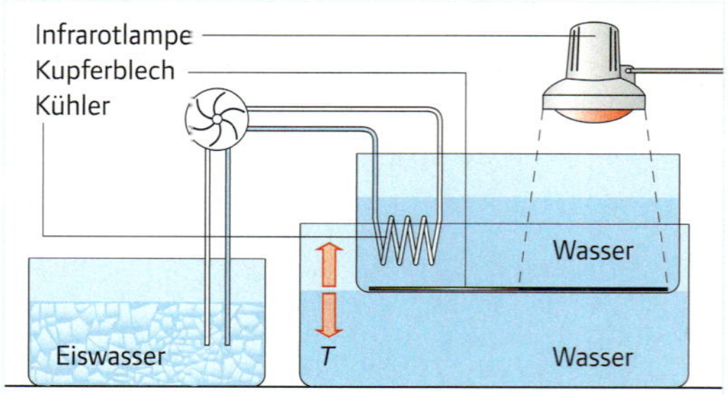

→ 3 Modell zur Kopplung Atmosphäre–Ozean

→ 4 Experimentieranordnung

1 Erkläre den Begriff „Strömung". Vergleiche verschiedene dir bekannte Strömungen. Stelle dazu in einer Tabelle die unterschiedlichen Strömungen gegenüber. Berücksichtige dabei auch folgende Aspekte:
- Wo findet man die Strömung?
- Was strömt?
- Wie verläuft die Strömung?
- Wodurch wird die Strömung angetrieben?
- Was kannst du über die Strömungsgeschwindigkeit aussagen?

Suche nach weiteren Merkmalen, die eine Strömung beschreiben können.

2 Beschreibe, wie man auf einem fahrenden Schiff feststellen kann, ob sich das Fahrwasser selbst auch bewegt.
Erläutere dabei mögliche Unterschiede bei der Fahrt in Küstennähe oder auf dem offenen Meer.

3 Welche Wasserbewegungen im Meer kennst du? Wodurch werden sie hervorgerufen?

4 Beschreibe, wie du die Geschwindigkeit einer Strömung bestimmen kannst.

5 Begründe mithilfe der Abbildung [→ S. 22/1], ob es theoretisch möglich ist, dass eine vor der Ostküste Nordamerikas ausgesetzte Flaschenpost Australien erreicht.

6 Ein Segelschiff wird durch eine quer zur Fahrtrichtung gerichtete Strömung versetzt. [→ 1] Zwischen den im zeitlichen Abstand von 24 Stunden erfolgten Peilungen hat eine Versetzung von 6 Seemeilen von der vorausberechneten Position stattgefunden. Berechne die mittlere Strömungsgeschwindigkeit in m/s (1 kn = 1 Seemeile je Stunde = 1,852 km je Stunde).

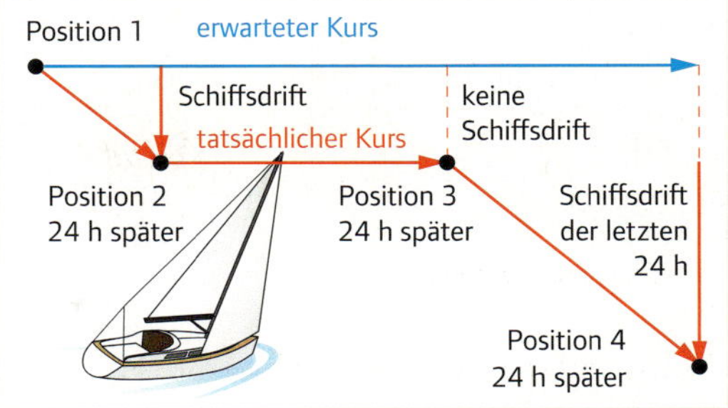

→ 1 Versetzung eines Segelschiffs durch Strömungen

7 Der Golfstrom hat vor der nordamerikanischen Küste auf der Höhe von Cape Hatteras eine Breite von ca. 100 km und erstreckt sich bis in eine Tiefe von ca. 400 m. Seine Geschwindigkeit beträgt etwa 2 m/s.
Berechne die transportierte Wassermenge in der gebräuchlichen Einheit Sverdrup (1 Sv = $10^6\,m^3/s$). Vergleiche das Ergebnis mit der vom Rhein transportierten Wassermenge.

8 Auf einem Karussell sitzende Kinder haben mit Wasser befüllte Spritzen und versuchen sich gegenseitig nass zu spritzen. [→ 2]
Beschreibe, wie sich der Verlauf der Wasserstrahlen ändert, wenn sich das Karussell dreht. Zeichne den Verlauf des Wasserstrahls für folgende Fälle:
- Eine Kamera beobachtet von oben und nimmt an der Rotation des Karussells teil. [→ 3]
- Eine Kamera beobachtet von oben und nimmt nicht an der Rotation teil. [→ 4]

→ 2 Ausgangssituation

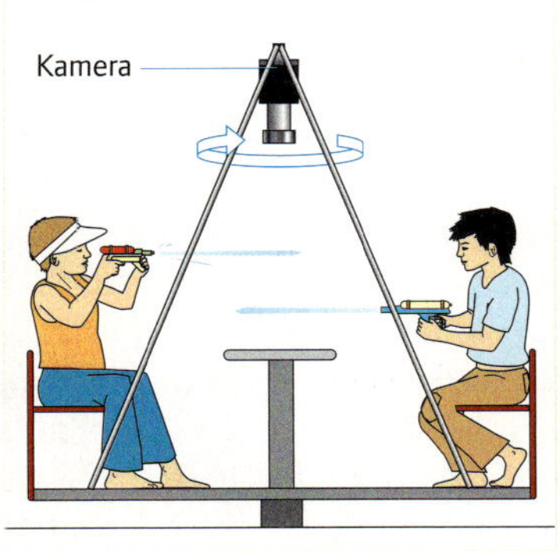

→ 3 Mitbewegte Kamera

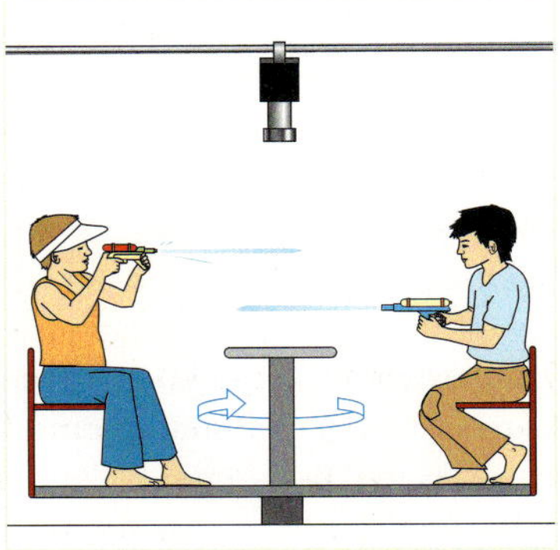
→ 4 Ruhende Kamera

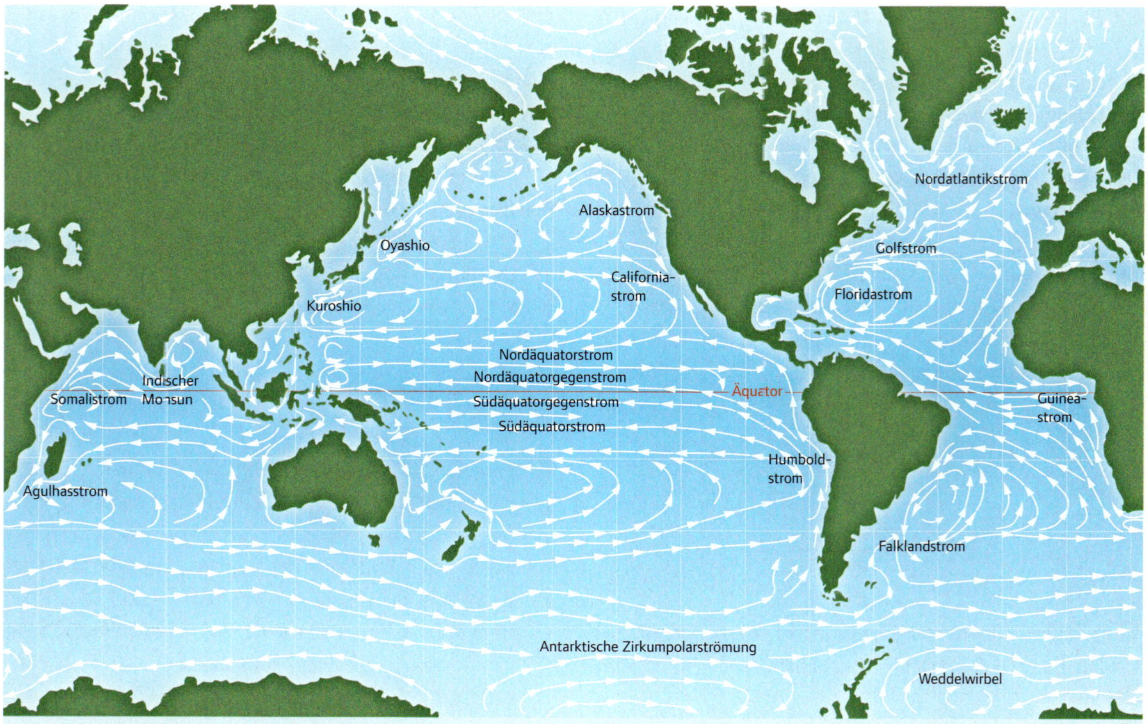

→ 1 Meeresströmungen an der Oberfläche

Horizontale und vertikale Strömungen

Physikalische Ozeanografie • Im Zeichen der aktuellen Diskussion um einen möglichen, in den nächsten Jahrzehnten spürbaren Klimawandel sind besonders die Naturwissenschaften gefordert. Sie müssen u. a. Antworten auf die Frage geben, wie die von der Sonne abgestrahlte Energie von der Atmosphäre aufgenommen und auf der Erde verteilt wird. Die physikalische Ozeanografie beschreibt, welchen Anteil die Ozeane, die immerhin zwei Drittel der Erdoberfläche bedecken, am Wärmetransport und somit am Klimageschehen haben. Dazu müssen Meeresströmungen erforscht werden, um ihr Zustandekommen zu verstehen. Zusammen mit den Kenntnissen über die entsprechenden Vorgänge in der Lufthülle der Erde sollen so verlässliche Aussagen über die zukünftige Entwicklung des Klimas gemacht werden.
Die physikalische Ozeanografie beschäftigt sich mit allen physikalischen Eigenschaften der Meere:

- Temperatur, Salzgehalt und Druck bestimmen die Dichte des Meerwassers.
- Erdanziehungskraft und Dichte bestimmen den Druck im Meerwasser.
- Änderungen in der Druckverteilung erzeugen Bewegungen – von der kleinsten Turbulenz bis hin zu den erdumspannenden Strömungen.
- Reibung und die Rotation der Erde beeinflussen diese Strömungen zum Teil in dramatischer Weise.
- Strömungen und Turbulenzen verteilen die im Meer gelösten oder treibenden Substanzen und beeinflussen damit alle Eigenschaften der Ozeane.

Erste Erkundungen • Beim Strandspaziergang an einem stürmischen Tag erfährt jeder Spaziergänger, dass das Meer sehr bewegt sein kann. Die Brandung ist schon aus größerer Entfernung zu hören, die Wellen brechen und rollen gegen den Strand. Aber auch an ruhigen Tagen lässt sich z. B. beobachten, dass sich die Wasserlinie im Laufe des Tages periodisch verändert. So mussten sich zunächst die Fischer und dann auch die europäischen Seefahrer mit den jeweiligen klimatischen und ozeanografischen Gegebenheiten auseinandersetzen, bevor sie die Weltmeere erkunden konnten. Besonders der nördliche Teil des Atlantischen Ozeans wurde von den seefahrenden Nationen Europas intensiv erkundet. Die gewählte Route, die Jahreszeit sowie Wind und Wetter beeinflussten die oft wochenlangen Überfahrten.

Die frühen portugiesischen und spanischen Seefahrer stellten z. B. fest, dass es vorteihaft war, mit den nach Westen wehenden Passatwinden zu reisen, um zu den süd- und mittelamerikanischen Kolonien zu gelangen. Der Rückweg verlief dann in höheren Breiten, wo die besseren Bedingungen für eine schnelle Rückreise gegeben waren. Die Erkundung dieser günstigen Bedingungen geschah am Anfang rein zufällig. Mit der Zeit wurden dann aber die Erfahrungen der Seefahrer zusammengetragen, wobei ihre Fahrtenbücher zunächst „top secret" waren. Die einzelnen seefahrenden Nationen waren darauf bedacht, den konkurrierenden Ländern keine Kenntnisse über ihre Erfahrungen zukommen zu lassen. Im Laufe der Jahrhunderte wurde aber das Wissen über die Lage der Kontinente, die Wind- und Wetterverhältnisse und die optimalen Fahrtwege in Europa Allgemeinwissen. Dies ermöglichte auch die Erstellung von Land- und Seekarten, die selbst Menschen, die nicht auf Entdeckungsreisen gingen, eine Vorstellung von der Gestalt der Erdoberfläche gaben. [→ S. 18/1]

Die Biosphäre der Erde • Heute wissen wir, dass die größte Meerestiefe bei etwa 11 000 m liegt. Für einen Menschen ist das natürlich eine gewaltige Entfernung. Der für uns nur schwer zugängliche Gipfel des Mount Everest liegt dagegen auf einer Höhe von „nur" 8848 m. In Bezug auf die riesige Fläche der Ozeane ist diese Maximaltiefe aber relativ gering. Zieht man zur Veranschaulichung dieser Größenverhältnisse ein DIN-A4-Blatt heran, gilt: Die Fläche des Blatts entspricht der Erstreckung der Ozeane an der Erdoberfläche. Die Dicke des Blatts entspricht dann der Meerestiefe.
Zusammen mit dem Wissen darüber, dass das Leben in der Lufthülle der Erde auf einen Bereich von einigen Tausend Metern beschränkt ist, wird es verständlich, dass Umweltschützer heute von einer Biosphäre sprechen, die sich wie eine Haut um die Erde legt und auf menschliche Einwirkungen empfindlich reagiert. Es ist diese dünne Haut, in der sich die Menschheit auf Kosten vieler Tier- und Pflanzenarten ausbreitet und nicht zuletzt aus wirtschaftlichen Gründen alle Regionen der Meere erforscht.

Walfänger • Eine Gruppe von Seeleuten, die große Erfahrung im Befahren des Nordatlantiks hatte, waren die Walfänger. Sie mussten sich über viele Jahrzehnte hinweg den Weg zu den Fanggebieten erschließen.
Zur Zeit des amerikanischen Unabhängigkeitskrieges war es der Generalpostmeister BENJAMIN FRANKLIN (1706–1790), dem auf seinen vielen Reisen zwischen Nordamerika und England auffiel, dass die Frachtschiffe mit der Post oft länger für die Überfahrten brauchten, als es den Logbüchern der Walfänger zu entnehmen war. Da auch damals schon die Post und damit Nachrichten möglichst schnell transportiert werden sollten, beschloss FRANKLIN, sich mit den Strömungs- und Windverhältnissen genauer zu befassen.

Temperatur • Auf seinen Überfahrten stellte FRANKLIN fest, dass es Gebiete im Nordatlantik gibt, in denen das Wasser an der Oberfläche deutlich wärmer war als in einer Region, die eine Halbtagesreise entfernt lag. Für eine Überfahrt nach Nordamerika brauchte man deutlich länger, wenn man diese Region wärmeren Wassers befuhr. Nutzte man dagegen die von den Walfängern empfohlene Route in der kälteren Region, sparte man Zeit. Daraus

→ 1 Historische Karte des Golfstroms von FRANKLIN

schloss FRANKLIN, dass es einen nördlich an der ostamerikanischen Küste verlaufenden, dann nach Westen abdrehenden Meeresstrom geben musste, der warmes Wasser aus der Region des Golfs von Mexiko in nördliche Breiten transportiert. Dieser Strom wurde in der Folgezeit Golfstrom genannt und zuerst von FRANKLIN kartografiert. [→ S. 23/1]
Er war auch der Erste, der Wassertemperaturen in größeren Tiefen gemessen hat. Dabei stellte er fest, dass im Golfstrom das Wasser in einer Tiefe von 35 m schon 12 Grad kälter war als an der Oberfläche. Die Existenz einer recht deutlich in der Vertikalen abgegrenzten Schicht kalten Wassers spricht dafür, dass es eine Zufuhr kalten Wassers aus dem Norden geben muss. Das heißt, unter dem Golfstrom gibt es einen zweiten, gegenläufig gerichteten Meeresstrom. Beobachtungen dieser Art führten dazu, dass sich die Vorstellung verschiedener Stockwerke oder Schichten in den Ozeanen ergab. In diesen waren jeweils unterschiedliche Wassereigenschaften und Strömungsverhältnisse anzutreffen.
Die Seefahrer konnten die Geschwindigkeiten der Meeresströmungen abschätzen. Dazu ermittelten sie aus der Geschwindigkeit des Schiffs relativ zum umgebenden Wasser und ihrer relativ zu den Sternen bestimmten Position die zu erwartende Fahrtstrecke. Nach einer bestimmten Fahrzeit konnten sie aus der Abweichung von erreichter und erwarteter Position die Schiffsdrift berechnen. [→ S. 21/1]
Daraus schlossen sie auf die vorherrschenden Meeresströmungen.

Flaschenpost • Um Meeresströmungen zu erkunden, ohne die einzelnen Regionen der Ozeane bereisen zu müssen, machte man sich das Flaschenpostprinzip zunutze: Mit Informationen über den Aussetzort versehene Treibköper wurden ins Wasser gesetzt. Von anderen Schiffen aufgenommen oder am Strand gefunden, konnte dann der Reiseweg grob ermittelt werden – vorausgesetzt, der Finder meldete sich beim Absender. Die ersten primitiven *Driftkörper* zur systematischen Untersuchung von Strömungen setzte Prinz Albert von Monaco 1885 ein. Er ließ 1000 Flaschen und Fässer aussetzten, denen Zettel in 10 Sprachen beigefügt waren. [→ 1]
Darauf wurden die Finder aufgefordert, den Fundort in einer Karte zu markieren und zu melden. Ein Viertel dieser skurrilen Flaschenpost wurde tatsächlich beantwortet. Die Auswertung ergab einen ungenauen Überblick über den Verlauf des Golfstroms. Neu war der Nachweis für das Aufteilen des Stroms in der Nähe der Neufundlandbänke und weiter im Westen in verschiedene Arme des Nordatlantikstroms. Dieser stellt die Fortsetzung des Golfstroms dar. Aus den Reisezeiten ließen sich schon Strömungsgeschwindigkeiten abschätzen, die im Bereich von einem Meter pro Sekunde liegen konnten. Dabei handelt es sich aber wegen der langen Driftwege um gemittelte Werte. Auch wurde man mit dieser Messmethode der heute bekannten Tatsache nicht gerecht, dass die Strömungen selten über Hunderte von Kilometern in eine Richtung verlaufen. Meist ergibt sich ein recht komplizierter, oft verwirbelter Strömungsverlauf. Die Wirbel können Durchmesser von einigen Hundert Kilometern haben.

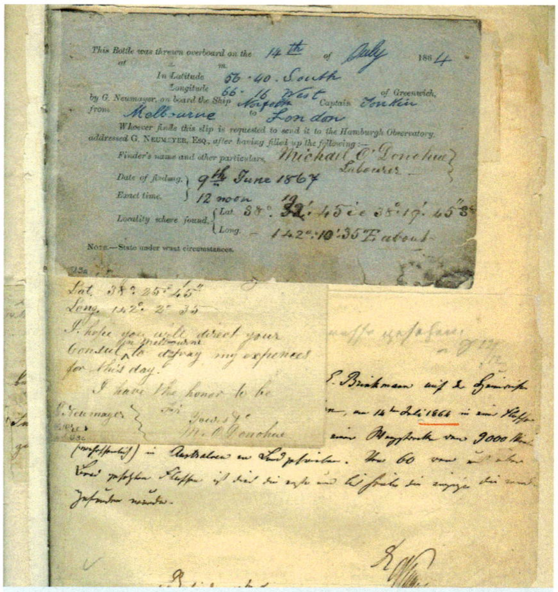

→ 1 Historische Flaschenpost von 1864

Salzgehalt • Neben der Temperatur gibt es eine zweite für das Meerwasser charakteristische Größe – den Salzgehalt. Er gibt an, wie viel Salz im Meerwasser gelöst ist. Er ist an der Wasseroberfläche z. B. dann hoch, wenn mehr Wasser verdunstet als durch Niederschläge ersetzt wird. Meerwasser in der Nähe von Kontinentalrändern, also dort, wo ein hoher Süßwassereintrag durch Flüsse erfolgt, hat einen entsprechend geringeren Salzgehalt.

Dichte des Meerwassers	1024,8 kg/m³
Salzgehalt (Mittelwert)	35 psu (g Salz/1000 g Wasser)
Temperaturen Gefrierpunkt Anteil Ozean kälter als 10 °C Anteil Ozean kälter als 4 °C Mittelwert	 −2,0 °C (34 psu) 93 % 76 % 3,8 °C
Mittlere Tiefe der Temperatursprungsschicht	200–800 m
Horizontale Geschwindigkeiten	1 m/s
Vertikale Geschwindigkeiten	max. 0,1 m/s
Aufstiegsgeschwindigkeiten	1–2 m/Tag; max. 10 m/Tag
Höchstgeschwindigkeiten Passagierschiff Delfin	 18 m/s = 65 km/h 11 m/s = 40 km/h

Dichte • Beide Größen – Temperatur und Salzgehalt – bestimmen die Dichte des Meerwassers. Kaltes Wasser ist dichter als warmes und salzhaltiges Wasser ist dichter als weniger salzhaltiges.
In der Senkrechten bildet sich eine Dichteschichtung aus, wenn in einem Becken Wasserkörper mit verschiedenen Dichten anzutreffen sind (s. Experiment 2 [→ S. 19]). Bildet sich z. B. an der Oberfläche im Winter salzreiches, kaltes Wasser, wird es so lange nach unten absinken, bis es sich einen Wasserkörper mit den gleichen Dichteeigenschaften befindet. Dieses Absinken ist der Motor für die sogenannte *thermohaline Zirkulation*, die im Meer ein Auslöser für Bewegungen in der Senkrechten ist.

Wind • Ein weiterer Motor für waagerechte und senkrechte Bewegungen großer Wassermassen im Ozean ist der Wind. Die über das Wasser streichende Luft versucht ihre Bewegung auf das Wasser zu übertragen. Dies gelingt aber wegen der geringen Angriffsfläche speziell auf glatten Wasseroberflächen nur zum Teil. Auch braucht es länger anhaltende, konstante Winde, um das relativ schwere und damit träge Wasser in Bewegung zu setzen. Je nach Breitengrad beträgt die Strömungsgeschwindigkeit nur etwa 1 bis 2,5 % der Windgeschwindigkeit.
Die Richtung, in die sich das Wasser bewegt, liegt nun nicht – wie man vermuten könnte – in Windrichtung. Bereits der norwegische Forscher FRIDTJOF NANSEN (1898) beobachtete bei der Drift von Meereis in der Arktis einen Winkel von 20° bis 40° nach rechts. Diese seitliche Versetzung kommt durch den Einfluss der Erddrehung zustande.

Wasser, das vom Wind in der Horizontalen bewegt wird, muss von nachfließendem Wasser ersetzt werden. Wird z. B., wie an der Westküste Nordamerikas, das Wasser von der Küste weggetrieben, so kann es nur durch Wasser von unten ersetzt werden. An den Küsten findet man deshalb oft große Auftriebsgebiete, die Wasser aus Tiefen von bis zu hundert Metern an die Oberfläche holen. [→ 1] Diese *Auftriebsgebiete* haben eine große Bedeutung für die Tierwelt im Ozean und damit für die Fischerei: Mit dem kalten Wasser gelangen auch viele Nährstoffe an die Oberfläche, die wie ein Dünger für das *Phytoplankton* dienen, das für alle Meeresbewohner am Anfang der Nahrungskette steht.

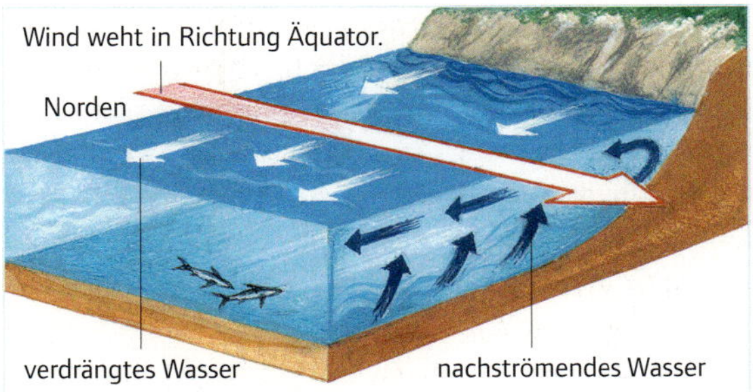

→ 1 Entstehung von Auftriebsgebieten

Der Einfluss der Erdrotation

Hoch- und Tiefdruckgebiete in der Atmosphäre führen zur Entstehung des Windsystems auf der Erde. Winde, die sich ihren Weg von Gebieten hohen zu Gebieten niedrigen Luftdrucks suchen, wirken großflächig auf das Oberflächenwasser ein und produzieren sowohl horizontale als auch vertikale Strömungen.
Mit der jahreszeitlich veränderlichen Sonneneinstrahlung, den gegebenen Niederschlagsmengen, Verdunstungs- und Austauschraten ändert sich die Dichte des Oberflächenwassers. Im Winter entstehen in wenigen Ozeanregionen Dichteschichtungen, die nicht stabil sind und zu Vermischung und Absinken in große Tiefen (1000–2000 m) führen. [→ S. 26/1]

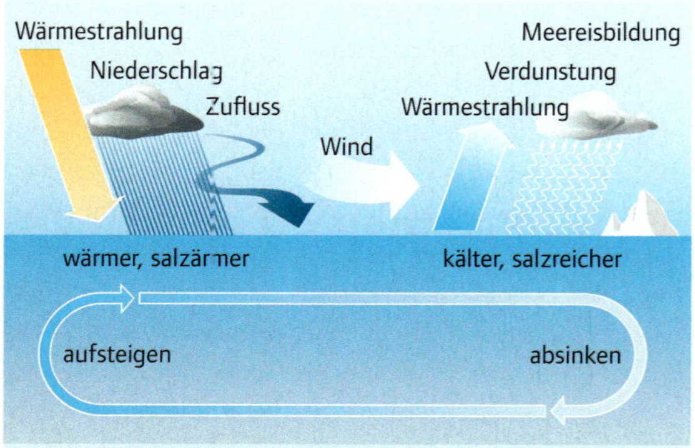

→1 Zusammenfassung der Einflüsse

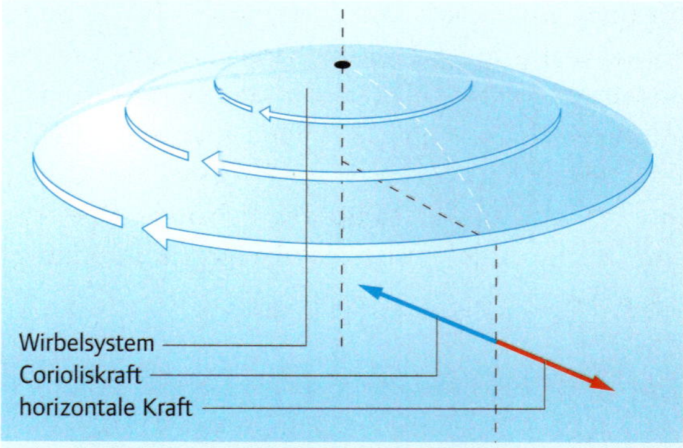

→2 Wirbelsystem auf der Nordhalbkugel

Corioliskraft • Das Zusammenwirken dieser durch die Einwirkung der Sonne angeregten Vorgänge erklärt die beobachteten Strömungen aber noch nicht vollständig. Neben der Verteilung der Landmassen muss hauptsächlich die Rotation der Erde einbezogen werden. Hier ist es vor allem eine Kraft, die wir als Beobachter auf der sich drehenden Erde, als Corioliskraft erfahren: Gegenstände, die sich auf der Nordhalbkugel bewegen, werden nach rechts und auf der Südhalbkugel nach links abgelenkt. Zu den geografischen Polen hin wird der Einfluss der Corioliskraft stärker, am Äquator verschwindet sie. Da sich die Erde mit ihrer 24-stündigen Umdrehungszeit relativ langsam bewegt, macht sich die Corioliskraft nur bei lang andauernden und über große Strecken ablaufenden Bewegungen bemerkbar. Dies ist bei der Bewegung von Luftmassen in der Atmosphäre und von Wasser im Ozean der Fall.

Wirbelsysteme • Betrachtet man die Windverteilung über dem Nordatlantik, so kann man erwarten, dass der Wind das Oberflächenwasser aus allen Richtungen in ein Zentrum drückt. Das hat zur Folge, dass sich dort ein Wasserhügel aufbaut, dessen Höhe (1–2 m) und Lage sich heute mit Forschungssatelliten vermessen lässt. Durch die enorme Menge Wasser, die sich dort aufbaut, erhält der Ozean mit der Erhöhung des Meeresspiegels potenzielle Energie. Durch den Druckunterschied erfährt das aufgetürmte Wasser eine vom Zentrum der Erhebung weg gerichtete Kraft. Gleichzeitig wird das abfließende Wasser durch die Corioliskraft abgelenkt. Es entsteht ein Kräftegleichgewicht mit der Folge, dass das Wasser um die Erhöhung in der Mitte herumfließt und diese somit nicht abgebaut wird. [→2] 90 % aller Strömungen im Ozean befinden sich in diesem Gleichgewicht.

In den Bildern [→3–5] ist ein Experiment dargestellt, mit dem sich dieser Effekt veranschaulichen lässt: In einen auf einer motorbetriebenen Drehscheibe stehenden Plexiglasbehälter wird Wasser gefüllt. Gleichzeitig wird ein in der Mitte stehendes Rohr mit gefärbtem Salzwasser befüllt. [→S. 26/1] Zieht

→3 Ausgangssituation

→4 Endzustand stehender Tank

→5 Endzustand rotierender Tank

man das Rohr nach oben weg, sinkt das gesamte Wasser aufgrund seiner größeren Dichte auf den Boden ab. Es bildet sich eine klar zu erkennende Schichtung aus. [→S. 26/2] Führt man das gleiche Experiment mit rotierender Drehscheibe durch, so zeigt sich in der Mitte des Behälters eine stabile „Dichtesäule“ mit herumlaufender Strömung. [→S. 26/3]

Moderne Messmethoden

Meeresströmungen sind durch zwei Größen charakterisiert: die Richtung und ihre Geschwindigkeit. Ihre Stärke hängt natürlich von der Strömungsgeschwindigkeit, aber auch von der horizontalen und vertikalen Ausdehnung der Strömung ab. Gerade die Stärke gibt Auskunft darüber, wie viel Wasser transportiert wird. Für Klimaforscher ist es z. B. wichtig, wie viel thermische Energie der Golfstrom und andere Strömungen im Nordatlantik in nördliche Breiten transportiert. Nur so können aufwendige Computermodelle zur Klimavorhersage erstellt werden. Die Aufgabe der Ozeanografen ist es, diese Informationen möglichst weltweit zur Verfügung zu stellen und die in den Weltmeeren ablaufenden Prozesse vorhersagbar zu machen.

Für diese Aufgabe reicht es nicht mehr, eine Flaschenpost im Ozean auszusetzen. Heute besitzen Ozeanografen verschiedene Messinstrumente, die mit der Entwicklung der globalen Kommunikationssysteme und der computergestützten Automatisierungstechnik immer ausgereifter wurden. Es lassen sich zwei Arten unterscheiden:
- ortsfeste Systeme
- von der Strömung mitbewegte Systeme

Ortsfeste Systeme • Die ortsfesten Messungen werden über einen Zeitraum von mehreren Jahren mithilfe sogenannter Verankerungen vorgenommen. Verschiedene Messinstrumente werden an einem Draht montiert, der in der Regel vom Meeresboden bis knapp unter die Wasseroberfläche reicht. Dieser Draht wird mit einem Gewicht auf dem Meeresboden „verankert“. Damit er senkrecht im Wasser steht, sind zwischen den Geräten luftbefüllte Glaskugeln befestigt, die den Draht straff und die einzelnen Geräte in bestimmten Tiefen halten. Ist die Strömung stark und neigt sich die ganze Verankerung, so ändert sich natürlich die Tiefe, in der sich die Instrumente befinden. Am Seil sind deshalb Druckmesser befestigt, mit denen sich die Messwerte korrigieren lassen. [→1]

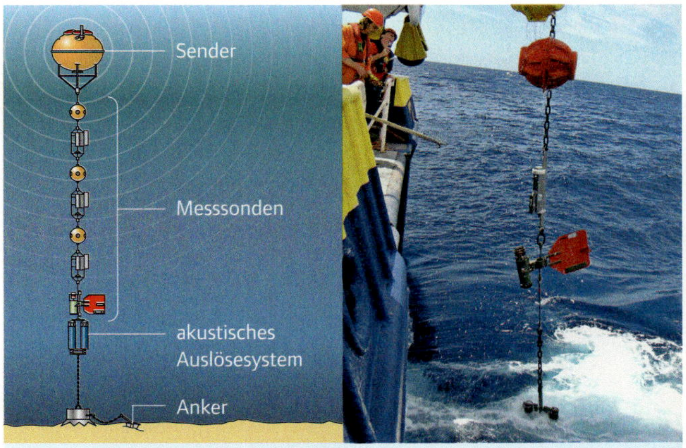

→1 Aufbau und Ausbringen einer Messstation

Die bei einer Verankerung eingesetzten Strömungsmesser funktionieren wie der „Windmesser“ bei einer Wetterstation. Mit einem von der Strömung angetriebenen Propeller lässt sich über die Drehzahl die Strömungsgeschwindigkeit ermitteln. Der ganze Strömungsmesser ist um den Draht herum drehbar gelagert. Durch eine Kunststoffplatte, die wie eine Fahne wirkt, richtet sich das Instrument immer nach der Strömung aus. Ein kleiner Kompass registriert diese Ausrichtung. Richtungs- und Geschwindigkeitsdaten werden über eine Elektronik gespeichert und können auch nach zwei Jahren noch ausgelesen und ausgewertet werden.

Nach einem Zeitraum von bis zu drei Jahren wird die gesamte Verankerung wieder an Bord eines Forschungsschiffs geholt. Direkt über dem Gewicht befindet sich ein schallgesteuerter Auslösemechanismus. Geben die Ozeanografen von Bord aus ein Signal, dann öffnet sich ein Haken und die gesamte Verankerung treibt an die Oberfläche und kann dort aufgenommen werden.

Mitbewegte Systeme • Messsysteme, die sich mit der Strömung mitbewegen, nennt man Drifter. Nachdem sie im jeweiligen Untersuchungsgebiet

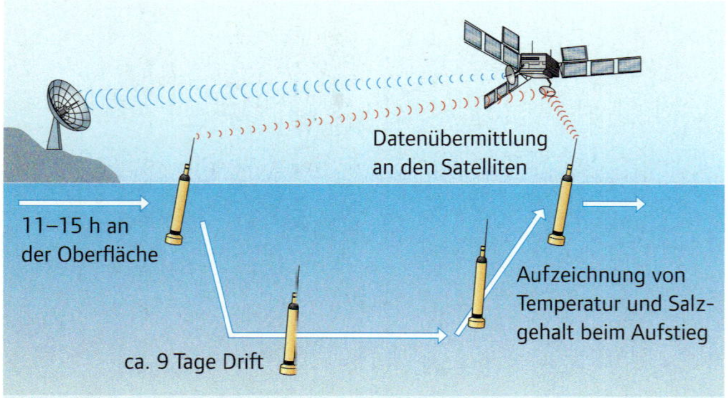

→1 Drifter – Funktionsprinzip

ausgesetzt wurden, operieren sie eigenständig und schicken die aufgenommenen Daten via Satellit direkt an ein Datenzentrum, auf das internationale Forschungseinrichtungen zugreifen können.

Die *Tiefendrifter* operieren über Jahre hinweg autonom. Sie tauchen bis in Tiefen von 2000 m ab und treiben dort aufrecht. Dabei werden sie von der vorherrschenden Strömung mitgenommen. Zurzeit sind etwa 3000 dieser Geräte in den Weltmeeren im Einsatz, wobei auch Temperatur und Salzgehalt gemessen werden. Wenn sie nach einer vorgegebenen Zeit wieder auftauchen, haben sie – durch die auch in größeren Meerestiefen anzutreffenden Strömungen – ihre Position verändert. Diese neue Position wird dann zusammen mit den anderen Daten per Satellit übermittelt. So ergibt sich ein immer detailreicheres Bild über die Wasserbewegungen in der Tiefe. [→2]
Diese Tiefendrifter sind mit ca. 10 000 Euro recht teure Messinstrumente, die den Nachteil haben, dass sie nicht steuerbar sind. *Gleiter* sind eine Weiterentwicklung der Drifter. [→3] Sie besitzen Flügel, lassen sich im Tiefenwasser steuern und sogar gegen nicht zu starke Strömungen bewegen. Dabei benötigen sie für das Tauchen, Steuern, Datenaufnehmen und -senden genauso viel elektrische Energie wie eine Fahrradrücklicht (2–5 W).

Tracer • In den Experimenten mit den Wassertanks konnten wir Strömungen erzeugen und beobachten, wenn wir Lebensmittelfarbe ins Wasser gaben. Damit erreichen wir zweierlei: Zum einen ist das mit der Farbe versetzte Wasser schwerer als das klare Wasser – das dichtere, gefärbte Wasser bewegt sich nach unten. Zum anderen lässt sich der Vorgang wegen der Färbung natürlich gut verfolgen.
In der Forschung nutzt man chemische Stoffe, die im Laufe der industriellen Entwicklung in die Atmosphäre gelangten und sich dann im Meerwasser gelöst haben. Diese *Tracer* sind Spurenelemente, die nur in sehr geringen Mengen im Ozean vorkommen, aber mit der modernen Messtechnik auch in kleinsten Konzentrationen nachgewiesen werden können.
Nützliche Tracer in der Ozeanografie sind die Fluorchlorkohlenwasserstoffverbindungen (FCKW). Besonders durch den zunehmenden Gebrauch in Kühlsystemen gelangten diese auch in die Atmosphäre und sind mitverantwortlich für das „Ozonloch". Als Tracer sind sie gut geeignet, da sich relativ genau angeben lässt, wann und wie viel freigesetzt wurde. Mit diesen Informationen und den genauen Messungen der Verteilung verschiedener FCKWs ist es möglich, Tiefenströme darzustellen und zu untersuchen.

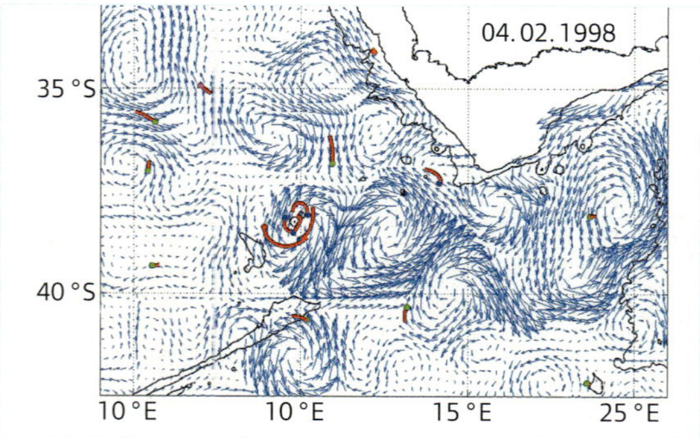

→2 Drifterwege

→3 Gleiter

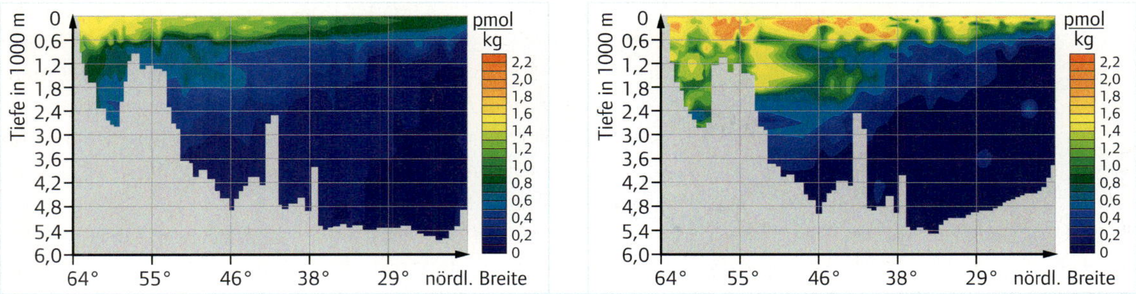

→1 Verteilung von Freon-12, gemessen 1988 und 1998

Bild [→1] zeigt die Verteilung von Freon-12 im westlichen Nordatlantik, gemessen in den Jahren 1988 und 1998. Die Eintragsgebiete liegen in hohen Breiten. Deutlich zu sehen ist das langsame Vordringen des mit Freon markierten Wassers.

Man nutzt Kranzwasserschöpfer, um die zur Messung benötigten Proben an Bord zu bringen. [→2] Dabei handelt es sich um Vorrichtungen, die bis zum Meeresboden abgelassen werden. Beim Einholen können sie aus bis zu 24 verschiedenen Tiefen Wasserproben an die Oberfläche bringen. Mitgeführt werden auch Sonden, die Salzgehalt, Temperatur und Druck messen.

Komplexität und Vorhersagbarkeit • Heute können die Ozeanografen ein viel genaueres Bild der Ozeane zeichnen als ihre Vorgänger zu FRANKLINS Zeiten. Alle satellitengestützten Messsysteme erlauben es ihnen, weltweit Informationen über die Bewegungen im Ozean abzurufen. Mithilfe von Computermodellen können verschiedene Szenarien durchgerechnet werden – so z. B. die Konsequenzen einer Abnahme des Salzgehalts im Oberflächenwasser des Nordatlantiks und dem damit verbundenen Nachlassen des Golfstroms.

Aktueller Forschungsgegenstand sind immer noch alle turbulenten Prozesse, die das Zerfallen der großen Strukturen im Ozean bewirken und letztlich zur Vermischung führen. [→3] Viele für die zukünftige Klimaentwicklung entscheidende Vorgänge im System Ozean–Atmosphäre sind vom Grad der Durchmischung abhängig – so z. B. der Eintrag des Treibhausgases CO_2.

Die Übertragung der experimentellen Ergebnisse im Tank und aus dem Ozean auf die Simulationen mit Computermodellen zur Vorhersage von Strömungen ist aber immer noch eine Herausforderung.

Die Wissenschaftler versuchen, der Komplexität und der damit verbundenen Schönheit natürlicher Strömungsverläufe in ihren Erklärungsmustern und Modellen gerecht zu werden. Egal, ob sie als Ozeanografen Meeresströmungen, als Geowissenschaftler die Mäanderbildung in Flussläufen oder als Mediziner den Lauf des Bluts im Adersystem des Menschen untersuchen.

→2 Probenentnahme

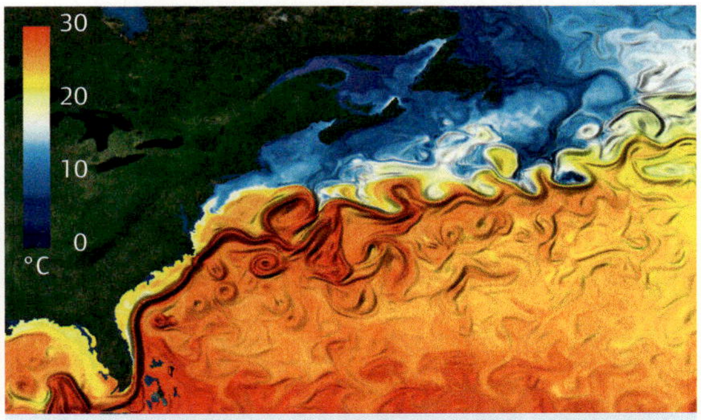

→3 Simulation der Oberflächenströmungen und -temperaturen im Golfstrom

3 Chemische Ozeanografie

Die moderne Meeresforschung beschreitet auch ungewöhnliche Wege: Handelsschiffe, die regelmäßig auf den Weltmeeren verkehren, werden als Messplattform genutzt. Im Maschinenraum eines solchen Schiffes befindet sich eine Messapparatur zur autonomen Messung der Konzentrationen von Kohlenstoffdioxid in Meerwasser und Luft.

» *Wie beeinflussen Haupt- und Nebenbestandteile des Meereswassers das gesamte Ökosystem?*

» *Warum ist das Meer der größte Kohlenstoffspeicher?*

Achtung: Bei allen Experimenten unbedingt eine Schutzbrille tragen!

❶ Salzgehalt (1)

Du erhältst zwei unterschiedliche Kochsalzlösungen. Die Massenkonzentrationen (β) sind vergleichbar mit
- Atlantikwasser: $\beta(NaCl) = 35\ g/\ell$
- Oberflächenwasser aus der mittleren Ostsee: $\beta(NaCl) = 8\ g/\ell$

Überprüfe durch Eindampfen die Salzgehalte der beiden Lösungen. Wiege dazu 6 durchnummerierte 100-ml-Erlenmeyerkolben aus. Gib auf der Waage aus einer Pipette in drei Erlenmeyerkolben jeweils 25 g „Atlantikwasser“ und in drei andere jeweils 25 g „Ostseewasser“.
Dampfe die Lösungen durch Erhitzen auf einer Heizplatte ein. Beobachte genau bis zum Ende des Eindampfens.
Wiege erneut, berechne die Salzgehalte in g/ℓ und vergleiche mit den gegebenen Werten.
Beschreibe die Probleme beim Experiment und erkläre Abweichungen.

❷ Salzgehalt (2)

Achtung: Verwende bei dem folgenden Experiment Schutzhandschuhe und Schutzkittel. Die verwendete Silbernitratlösung [AgNO (aq)] ist ätzend!

a Setze in einem Zentrifugenglas jeweils 1 ml destilliertes Wasser, 1 ml Leitungswasser und 1 ml Ostseewasser 2 ml einer verdünnten Silbernitratlösung [$c(AgNO_3) = 0{,}5\ mol/\ell$] zu. Zentrifugiere die Lösungen. Beschreibe deine Beobachtungen.

b Silbernitrat reagiert mit Chlorid-Ionen [Cl^- (aq)], zu schwer löslichem Silberchlorid [Ag^+ (s)]. Formuliere die Reaktionsgleichung.

c Erläutere, warum diese Methode zur Bestimmung des Salzgehalts von Meerwasser geeignet ist.

❸ Salzgehalt und Leitfähigkeit

a Miss mit einem Leitfähigkeitsprüfer die Leitfähigkeit von jeweils 5 ml Leitungswasser, Ostseewasser und Atlantikwasser. (*Achtung:* Gegebenenfalls musst du den Messbereich verändern oder die Lösung unter Zusatz von destilliertem Wasser 1 : 10 oder 1 : 100 verdünnen!) Notiere und vergleiche die Werte. Prüfe, ob die Leitfähigkeit des Ostsee- und Atlantikwassers proportional zum oben angegebenen Salzgehalt ansteigt.

b Erkläre, warum mittlerweile viele der meereschemischen Untersuchungen nicht mehr mit chemischen Verfahren, sondern vielmehr elektronisch durchgeführt werden.

Sauerstoff- und Stickstoffkreislauf
Meereslebewesen benötigen für ihren Stoffwechsel Energie. Diese gewinnen sie z. B. aus der Oxidation von Kohlenhydraten oder Fetten. Bakterien im Meer sind z. T. in der Lage, Sauerstoff – wenn er nicht frei vorhanden ist – auch bestimmten chemischen Verbindungen zu entziehen.
Du kannst dir mit den folgenden Experimenten die Energiegewinnung veranschaulichen. Dabei musst du aber wissen, dass diese Experimente eine direkte Umsetzung darstellen. In den Meereslebewesen sind dagegen komplexe, durch Enzyme (Biokatalysatoren) gesteuerte, biochemische Umsetzungen zwischengeschaltet.

❹ Zucker und Energiefreisetzung

Halte mit einer Tiegelzange zuerst ein unbehandeltes Zuckerstück und dann ein mit Zigarettenasche eingeriebenes Zuckerstück in die Flamme eines etwas schräg gestellten Bunsenbrenners. Verwende eine Keramikscheibe als Unterlage. Beschreibe deine Beobachtungen.
Prüfe, ob das Zuckerstück von selbst weiterbrennt.
Benenne die Funktion der Asche in diesem Experiment.
Stelle die Reaktionsgleichung richtig:
$C_{12}H_{22}O_{11}\ (s) + O_2\ (g) \rightarrow CO_2\ (g) + H_2O\ (g)$
Nimm Stellung zu der Aussage: Aus Zucker lässt sich Energie gewinnen.

5 Energiefreisetzung und Stickstoff

Achtung: Das folgende Experiment muss unter einem Abzug durchgeführt werden. Vorsicht: Brandgefahr! Schutzbrille tragen!

a Erhitze mit dem Bunsenbrenner im schwer schmelzbaren Reagenzglas, das schräg im Stativ eingespannt ist, 1 g Kaliumnitrat [KNO_3 (s)]. Führe anschließend einen glimmenden Holzspan – er enthält das Kohlenhydrat Cellulose – bis gerade an das erhitzte Salz (Glimmspanprobe). Der Holzspan darf auf keinen Fall in die Salzschmelze eintauchen. Beschreibe deine Beobachtungen. Beurteile, ob Energie freigesetzt wird.

b Stelle einen Zusammenhang mit dem Prozess der Energiefreisetzung durch Bakterien in den Ozeanen her. Das kannst du z. B. in Form eines Schemas machen, in dem du die Bakterien mit den Ausgangsstoffen [Kohlenhydrate: $H\text{-}[C_6H_{10}O_5]_n\text{-}OH$ und Nitrat: NO_3^- (s)] und mit den Reaktionsprodukten [Kohlenstoffdioxid CO_2 (aq); Wasser H_2O (l); Stickstoffmonooxid NO (aq); Lachgas N_2O (aq) und Stickstoff N_2(aq)] verknüpfst.

6 Spurenelement Eisen

Eisenverbindungen sind im Wasser ganz unterschiedlich löslich. Sauerstoff kann dabei die Wasserlöslichkeit von Eisen stark herabsetzen, indem sich z. B. schwer lösliches olivgrünes Eisen(III)-hydroxid [$Fe(OH)_3$] bildet.
Verwende für den folgenden Versuch frisch abgekochtes, in einer Glasflasche mit Schraubverschluss abgekühltes destilliertes Wasser.

a Gib in 50 ml Wasser 0,5 g – auch in den Ozeanen enthaltenes – Natriumcarbonat [Na_2CO_3 (s)] und rühre vorsichtig um. Prüfe, ob der pH-Wert dem der Ozeane (ca. 8) entspricht.

b Gib in 50 ml Wasser 0,25 g Eisen(II)-sulfat [$FeSO_4$ (s)]. Rühre vorsichtig um.

c Gieße beide Lösungen zusammen in eine 0,5-ℓ-Plastikflasche, verschließe sie und schüttle sie gut durch. Miss erneut den pH-Wert. Formuliere deine Beobachtungen und erkläre diese.

d Stelle die Reaktionsgleichung richtig:
$$Fe^{2+}\,(aq) + O_2\,(l) + H_2O\,(l) \rightarrow Fe(OH)_3\,(s) + H^+\,(aq)$$

e Erkläre, warum Eisen in den Ozeanen nur als Spurenmetall vorkommt. Erläutere dazu auch die Bedeutung des Sauerstoffs und des pH-Werts der Ozeane.

7 Gase im Meerwasser – das Meer als Klimafaktor

Atmosphärischer Sauerstoff löst sich, begünstigt durch die große Oberfläche der Ozeane, im Wasser. Du kannst das nachweisen, indem du einer Wasserprobe Manganchlorid [$MnCl_2$] und Natriumhydroxid [NaOH] (Vorsicht: ätzend!) zusetzt. Bei Abwesenheit von Sauerstoff ergibt sich ein weißer Niederschlag von Mangan(II)-hydroxid [$Mn(OH)_2$ (s)]. Bei Anwesenheit von Sauerstoff ist er durch Bildung von Mangan(III)-hydroxid [$Mn(OH)_3$ (s)] braun.
Verwende für den folgenden Versuch frisch abgekochtes, in einer Glasflasche mit Schraubverschluss abgekühltes destilliertes Wasser. Das Wasser darf beim Umgießen möglichst wenig mit Luft in Kontakt treten. Lass es also immer zügig und glatt fließen.

a Fülle mit diesem Wasser einen 100-ml-Erlenmeyerkolben fast bis zum Überlaufen. Setze 0,3 g festes Manganchlorid und 0,2 g festes Natriumhydroxid (Vorsicht: ätzend!) zu. Verkorke den Kolben und schwenke ihn vorsichtig, bis die Feststoffe gelöst sind (Schutzhandschuhe tragen!). Gieße gleich nach dem Schwenken 40 ml des Gemischs in eine weite Petrischale und 40 ml in ein enges, kleines Becherglas. Warte 5 Minuten. Gieße dann vorsichtig beide Lösungen in je ein kleines Becherglas.
Vergleiche die Färbungen der Niederschläge. Erkläre deine Beobachtungen.

b Stelle die Reaktionsgleichung richtig:
$$Mn(OH)_2\,(s) + O_2\,(l) + H_2O\,(l) \rightarrow Mn(OH)_3\,(s)$$

c Wende deine Erkenntnisse auf den Ozean an. Recherchiere, wie Sauerstoff in die Tiefen des Ozeans gelangt.

Kohlenstoffdioxid
Um die in der Natur sehr langsam ablaufenden Prozesse des Kohlenstoffkreislaufs im Modellexperiment zu beschleunigen, werden die Versuchsbedingungen extremer gewählt. Das heißt, du arbeitest mit höheren Konzentrationen der betreffenden Stoffe, als sie in der Atmosphäre und in den Ozeanen vorkommen.

8 Kohlenstoffdioxid und pH-Wert

Bestimme den pH-Wert von 100 ml einer Wasserprobe. Gib diese in eine 0,5-ℓ-Plastikwasserflasche und überschichte sie mit Kohlenstoffdioxid aus einer Gas- oder Mineralwasserflasche, der du einen durchbohrten Stopfen mit Gasableitungsrohr oder -schlauch aufgesetzt hast. [→1] Schüttle die Mineralwasserflasche zur Gasfreisetzung vorsichtig. Verschließe anschließend die Plastikwasserflasche und schüttle gut durch. Miss erneut den pH-Wert des Wassers. Beschreibe und erkläre deine Beobachtungen. Formuliere zugehörige Reaktionsgleichungen. Deine Ergebnisse veranschaulichen die Bedeutung der Ozeane für das Treibhausgas CO_2. Erkläre.

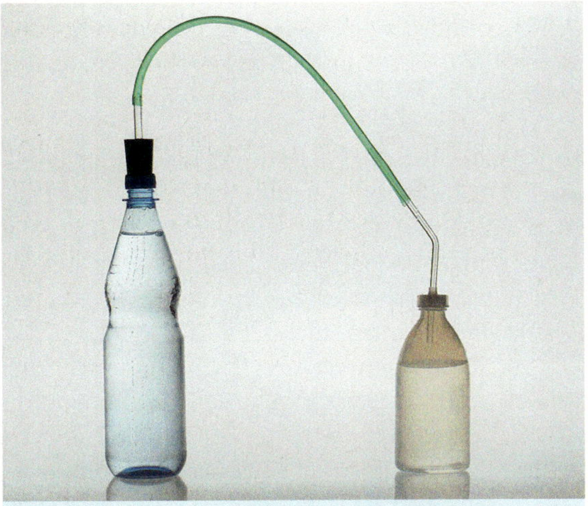

→1

9 Temperatur und Kohlenstoffdioxid

Stelle eine Mineralwasserflasche in den Kühlschrank und eine zweite auf die Heizung. Öffne nach einigen Stunden beide Flaschen. Beschreibe und erkläre deine Beobachtungen. Dieses Experiment veranschaulicht die Auswirkungen des Treibhauseffekts auf die CO_2-Speicherfähigkeit der Ozeane. Erkläre.

10 Globaler Kohlenstoffkreislauf – das Meer als Gigant

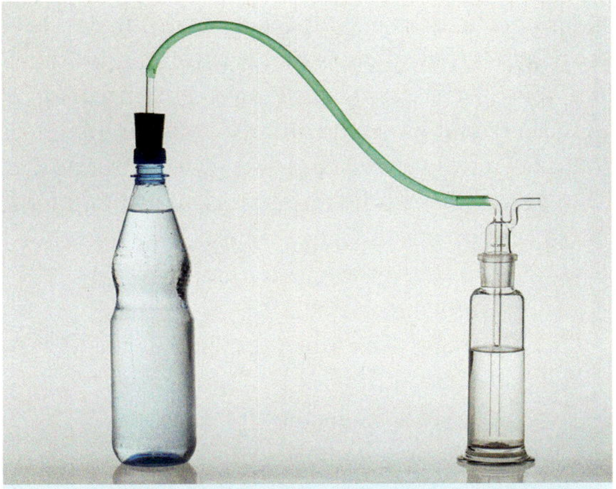

→2

Kalk [Calciumcarbonat, $CaCO_3$ (s)] bildet das Gerüst vieler Lebewesen der Meere, wie z. B. bei Muscheln und Korallen. Im folgenden Experiment sollst du beurteilen, ob in Wasser gelöstes Kohlenstoffdioxid, das aus der Atmosphäre stammt, Kalk lösen kann. Frisch entstandenes Calciumcarbonat bildet übrigens in Wasser einen weißen Niederschlag. In einer Gaswaschflasche befindet sich frisch filtrierte Calciumhydroxidlösung [Kalkwasser, $Ca(OH)_2$ (aq)] – Vorsicht: ätzend!

a Leite Kohlenstoffdioxid aus einer Gasflasche oder wie in Experiment 8 beschrieben in die Calciumhydroxidlösung ein, bis sich ein weißer Niederschlag bildet. [→2]

b Leite anschließend weiteres Kohlenstoffdioxid in die entstandene Suspension ein. Beobachte und beschreibe mögliche Veränderungen. Erkläre deine Beobachtungen.

c Formuliere zugehörige Reaktionsgleichungen.

d Die Ergebnisse des Experiments veranschaulichen zuerst die Kalkbildung und dann das mögliche Problem der Ozeanversauerung und seine Auswirkungen auf Lebewesen. Erläutere.

Junge Disziplin im Zentrum der Meereswissenschaften

Die chemische Ozeanografie befasst sich mit der Verteilung chemischer Elemente und Substanzen im Meer. Sie untersucht ihre Fähigkeit, chemische Reaktionen einzugehen. Dabei hat sie sich in den letzten Jahrzehnten zu einer modernen interdisziplinären Wissenschaft entwickelt. Sie trägt entscheidend zum Verständnis physikalischer, chemischer, biologischer und geologischer Prozesse im Ozean bei. Die chemische Ozeanografie hat also die Funktionsweise des Ozeans als Ganzes im Blick.
Chemische Verteilungsmuster im Meer enthalten vielfältige Informationen, z. B.:

- über Eintrags- oder Austragspfade der betreffenden Substanz
- über die Rolle von Meeresströmungen
- über den Einfluss biologischer Prozesse

Verteilungsmuster stellen auf der einen Seite eine Art chemischer Fingerabdruck von biologischen Prozessen oder Systemen dar. Andererseits können sie biologische Verteilungsmuster und Stoffwechselvorgänge bedingen. Sie sind also häufig als Ursache oder Wirkung zu interpretieren und somit ein Schlüssel zum Verständnis dieser Vorgänge.
Damit wird klar, dass ein Meereschemiker die vorgefundene chemische Situation selten aus sich heraus verstehen und interpretieren kann. Er benötigt immer auch Kenntnisse über die Strömungs- und Vermischungsprozesse und die Herkunft der beteiligten Wassermassen sowie über die biologische Situation und die biologischen Vorgänge. Umgekehrt kann er wesentliche Informationen zur Interpretation und Entschlüsselung wichtiger Fragen in diesen Nachbardisziplinen liefern.

→1 Chemisches Labor auf See – die speziell für die hohen Anforderungen des Einsatzes auf See angefertigten Messgeräte sind nur für den Zeitraum einer Forschungsexpedition an Bord.

Hauptbestandteile von Meerwasser – das Salz im Meer

Hauptbestandteile • Obwohl der Nachweis nicht in allen Fällen erbracht worden ist, kann man doch davon ausgehen, dass jedes natürlich vorkommende Element des Periodensystems auch im Meerwasser zu finden ist. Es gibt darunter aber eine Vielzahl von Elementen, die aus der Sicht der Chemiker eher langweilig sind, d. h., sie sind im Meer chemisch nicht reaktiv. Dazu gehören die meisten der Hauptbestandteile von Meerwasser. Laut Definition besitzen diese eine Konzentration von über 1 Milligramm je Kilogramm Meerwasser. Darunter findet man fünf positive Ionen (Kationen) aus den Gruppen der Alkali- und Erdalkalimetalle sowie sechs negative Ionen (Anionen), darunter drei Halogenide. Diese elf Hauptbestandteile stellen praktisch vollständig den Salzgehalt von Meerwasser dar.

Salzgehalt • In seiner ursprünglichen Definition bezeichnet man als Salzgehalt den Anteil gelöster Feststoffe im Meerwasser. So wurde in der Frühzeit der Meereskunde der Salzgehalt auch tatsächlich durch Eindampfen von Meerwasserproben und Wägung des erhaltenen festen Rückstands bestimmt.
Die moderne Methode zur Bestimmung des Salzgehalts von Meerwasser geht auf eine Erkenntnis zurück, die bereits Anfang des 19. Jahrhunderts gemacht wurde. Diese sagt aus, dass die Konzentrationen fast aller Hauptbestandteile ein festes Verhältnis zum Salzgehalt und somit auch untereinander besitzen.
Kennt man also die Konzentration eines Hauptbestandteils, so können die Konzentrationen der anderen Hauptbestandteile und der Salzgehalt präzise berechnet werden. Gleichzeitig sind dann bei bekanntem Salzgehalt die Konzentrationen der (meisten) Hauptbestandteile gegeben.

Element/Substanz	Konzentration in	
	g/kg	mmol/kg
Na^+	10,7837	469,06
K^+	0,3991	12,01
Mg^{2+}	1,2837	52,82
Ca^{2+}	0,4121	10,28
Sr^{2+}	0,0079	0,09
Borsäure/Borate [= $B(OH)_3 + B(OH)_4^-$]	0,0277	0,42
Gesamtcarbonat (= $HCO_3^- + CO_3^{2-} + CO_2$)	0,1240	2,04
SO_4^{2-}	2,7124	28,24
F^-	0,0013	0,07
Cl^-	19,3524	545,86
Br^-	0,0673	0,84

→ A Konzentrationen der 11 Hauptbestandteile von Meerwasser in Gramm bzw. Millimol Substanz pro Kilogramm Meerwasser

Konstante Proportionen • Dieser schon 1884 als „Gesetz der konstanten Proportionen" bestätigte Sachverhalt beruht auf der fehlenden oder zumindest extrem geringen Fähigkeit zur chemischen Reaktion der meisten Hauptbestandteile. Diese sorgt dafür, dass die Salze nur passiv mit dem Meerwasser transportiert werden. Durch Verdunstung oder Niederschlag – also Zu- oder Abfuhr des Lösemittels Wasser – werden sie in ihren Konzentrationen stets proportional zum Salzgehalt verändert.

Chlorinität • Neben der Temperatur ist der Salzgehalt die zentrale Messgröße der Ozeanografie. Dieser wurde zunächst chemisch bestimmt – durch Fällung aller mit Silbernitrat fällbaren, schwer löslichen Halogenide in einer Meerwasserprobe. Diese Halogenidtitration war eine rasch und einfach durchzuführende und für ein manuelles chemisches Verfahren bereits Anfang des 20. Jahrhunderts außergewöhnlich präzise Methode (Fehler $< 0{,}1$ ‰). Die damit bestimmte Chlorinität konnte mithilfe eines genau bekannten Faktors in einen präzisen Salzgehalt umgerechnet werden.[1]

Salinität • Heute wird der Salzgehalt durch Messung der Leitfähigkeit ermittelt. Aufgrund der konstanten Proportionen der Hauptbestandteile besteht eine eindeutige Beziehung zwischen der elektrischen Leitfähigkeit von Meerwasser und seinem Salzgehalt. In der Ozeanografie wird heutzutage nur noch mit dieser praktischen Salinität gearbeitet. [→ 1] Diese kommt zahlenmäßig dem chemischen Salzgehalt nahe, stimmt aber nicht exakt mit ihm überein.[2] Ohne das Gesetz der konstanten Proportionen wäre die Bestimmung des Salzgehalts bis heute ein extrem aufwendiges chemisches Verfahren und die Meereswissenschaft stünde bei Weitem nicht da, wo sie heute steht.

1 Der Salzgehalt S in ‰ lässt sich aus der Konzentration der Chlorinität (Gehalt der mit Silbenitrat fällbaren Halogenide) in ‰ wie folgt berechnen:
$S[‰] = 1{,}806\,55 \cdot Cl[‰]$

2 Salzgehalt $[g/kg] = 1{,}004\,710 \cdot S$

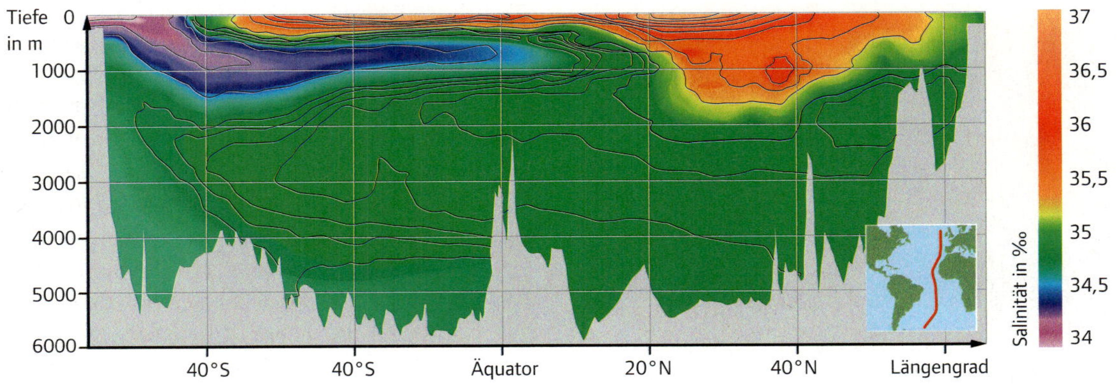

→ 1 Salinität im Atlantischen Ozean

Neben- und Spurenbestandteile von Meerwasser

Alle nicht zu den Hauptbestandteilen gehörenden chemischen Elemente und Substanzen fallen in die Gruppe der Neben- oder Spurenbestandteile. Mehr oder weniger willkürlich wird die Grenze bei einer Konzentration von 1 Mikromol pro Kilogramm Meerwasser (µmol/kg) gezogen. Die Hauptpflanzennährstoffe Stickstoff, Phosphor, Silicium und ihre wichtigsten chemischen Erscheinungsformen sind Nebenbestandteile. Das bedeutet aber nicht, dass sie im Ozean eine Nebenrolle spielen. Vielmehr sind sie die Basis des marinen Nahrungsnetzes.

Nebenbestandteile und Primärproduktion • Pflanzen oder Blaualgen (Bakterien) sind in der Lage, ihre eigenen Bau- und Reservestoffe komplett aus anorganischen Komponenten wie Kohlenstoffdioxid (CO_2), Nitrat-Ionen (NO_3^-) und Phosphat-Ionen (PO_4^{3-}) aufzubauen. Als Energiequelle dient diesen Lebewesen das Sonnenlicht. Alle höheren Stufen des Nahrungsnetzes sind auf die chemische Energie angewiesen, die aus dem Sonnenlicht gewonnen und in der produzierten organischen Materie gespeichert wurde. Da die Primärproduktion im Ozean vor allem durch die Verfügbarkeit der Pflanzennährstoffe begrenzt wird, kommt den Nebenbestandteilen eine Schlüsselfunktion für die biologische Produktivität des Weltmeeres zu.

→ 1 Um autonome Messungen über längere Zeiträume im Ozean durchführen zu können, werden Mess- und Probenahmesysteme mithilfe von Verankerungen im Ozean installiert. Nach Ablauf der Messzeit werden diese von einem Forschungsschiff wieder geborgen.

Nährstoff	Chemische Formen	Summenformel (relative Verhältnisse bei pH 8,2)	Konzentrationsbereich im offenen Ozean in µmol/kg
Kohlenstoff	gelöster anorganischer Kohlenstoff	HCO_3^-; CO_3^{2-}; CO_2(aq) (100 : 14 : < 1)	1800–2300
	gelöster organischer Kohlenstoff	„DOC"	40–100
Stickstoff	Nitrat-Ionen	NO_3^-	0–48
	Nitrit-Ionen	NO_2^-	0–10
	Ammoniak/Ammonium-Ionen	NH_3/NH_4^+ (4 : 100)	0–10
	gelöster organischer Stickstoff	„DON"	>8
Phosphor	Orthophosphat	HPO_4^{2-}; PO_4^{3-}; $H_2PO_4^-$ (100 : 18 : < 1)	0–3,4
	gelöster organischer Phosphor	„DOP"	<2
Silicium	Kieselsäure/Silikat	H_4SiO_4; $H_3SiO_4^-$ (100 : 5)	0–250

→ A Die Hauptpflanzennährstoffe und ihre wichtigsten chemischen Erscheinungsformen im offenen Ozean

Sauerstoff und Stickstoffkreislauf • Ein Beispiel dafür ist der Einfluss von Sauerstoff auf den Stickstoffkreislauf: Viele – vor allem bakterielle – Stoffwechselvorgänge hängen von der Verfügbarkeit gelösten Sauerstoffs ab. So wird unter sauerstoffreichen Bedingungen das von den Konsumenten ausgeschiedene Ammonium-Ion (NH_4^+) rasch wieder über Nitrit zu Nitrat oxidiert.

Unter sehr sauerstoffarmen Bedingungen kann Nitrat hingegen von Bakterien über Nitrit, Stickstoffmoonoxid und Lachgas zu molekularem Stickstoff reduziert werden. Dieser stellt eine für die meisten Primärproduzenten nicht nutzbare Form des Stickstoffs dar. Dieser Prozess entzieht dem Weltozean somit biologisch verwertbaren Stickstoff. Man kann sich vorstellen, dass in einem sich erwärmenden Klima die Belüftung des Ozeans abnimmt

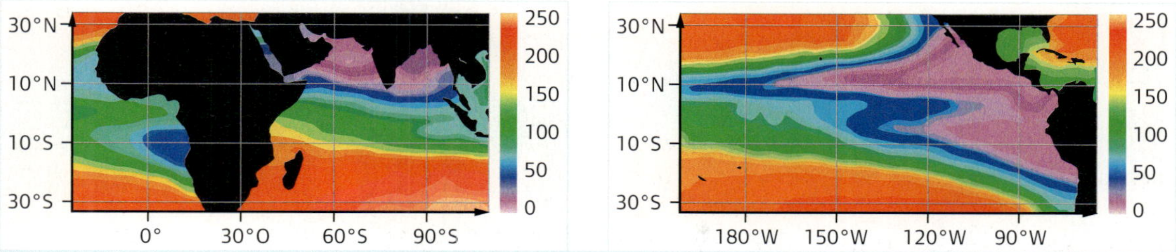

→ 1 Verteilung der Sauerstoffkonzentrationen im Weltozean in 400 m Tiefe. Deutlich erkennbar sind die natürlichen Sauerstoffminimumzonen etwa im nördlichen Indischen Ozean oder im östlichen Pazifik. Diese dehnen sich gegenwärtig langsam aus, was auf den Einfluss des globalen Klimawandels zurückgeführt wird und ein wichtiger Forschungsgegenstand der Meereschemie ist.

und weniger Sauerstoff in die Tiefe gelangt. Tatsächlich gibt es mit der Ausbreitung der natürlichen Sauerstoffmangelzonen des Weltozeans erste Anzeichen für einen solchen Trend. [→ 1]

Spurenelement Eisen • Die Bezeichnung Spurenelement klingt so, als müssten sich Meereschemiker – Detektiven gleich – akribisch nach ihnen auf die Suche machen. In der Tat hat die Meereschemie größte Anstrengungen unternehmen müssen, um die teilweise extrem niedrigen Konzentrationen überhaupt zuverlässig messen zu können. Wir wissen heute, dass Elemente wie Mangan, Eisen, Cobalt, Nickel, Kupfer, Zink und Cadmium z. B. bei Enzymen oder als Strukturelemente in Eiweißen auch im Meer eine wichtige biologische Funktion besitzen. Ein besonders prominentes Beispiel ist das Eisen.

Obwohl Eisen mit 29 % der Erdmasse das zweithäufigste Element unseres Planeten ist, liegt es im Meer nur in extrem geringer Konzentration vor. Dies liegt nicht etwa an einer zu geringen Eisenzufuhr – Flüsse tragen pro Jahr bis zu einer Milliarde Tonnen Eisen in den Weltozean ein. Im sauerstoffreichen Oberflächenozean liegt dieses Eisen jedoch überwiegend in oxidierter Form – als dreiwertiges Eisen – vor. Unter dem leicht alkalischen pH-Wert von Meerwasser ($pH \approx 8$) wird dreiwertiges Eisen rasch in Form schwer löslicher Verbindungen ausgefällt und dem Meer somit durch Sedimentation entzogen.
Bereits vor über zwei Jahrzehnten wurde daher die Hypothese aufgestellt, dass die in einigen Regionen des Weltozeans vorgefundene paradoxe Situation – geringe Pflanzenbiomasse bei gleichzeitig hohem Angebot an Hauptpflanzennährstoffen – möglicherweise auf einen Mangel an Eisen zurückzuführen sei. In diesen HNLC-Regionen (**H**igh **N**utrient – **L**ow **C**hlorophyll) gelingt es den marinen Primärproduzenten daher nicht, die in großen Mengen vorliegenden Pflanzennährstoffe komplett aufzubrauchen. [→ 2, 3]
So konnte z. B. experimentell nachgewiesen werden, dass durch Einbringen von gelöstem zweiwertigem Eisen in das Oberflächenwasser des Südpolarmeeres

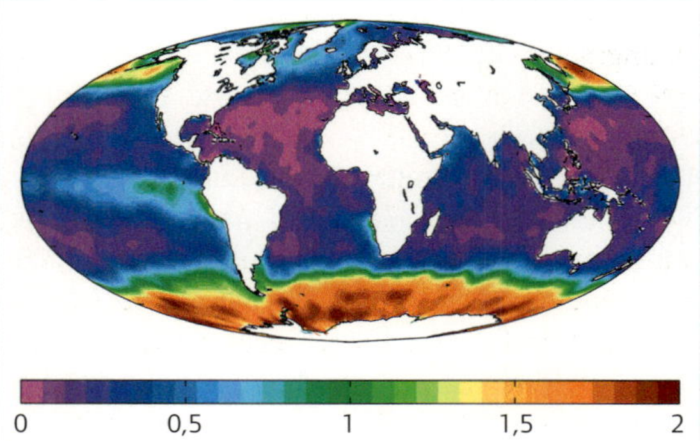

→ 2 Gebiete mit hoher (rot) und niedriger (violett) Nährstoffkonzentration

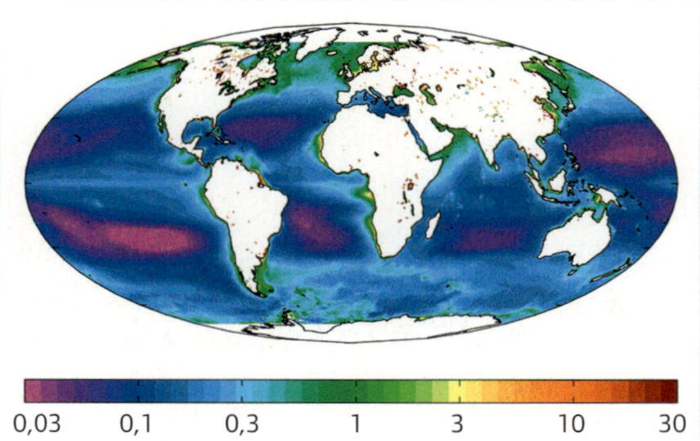

→ 3 Gebiete mit hoher (rot) und niedriger (violett) mariner Chlorophyllkonzentration

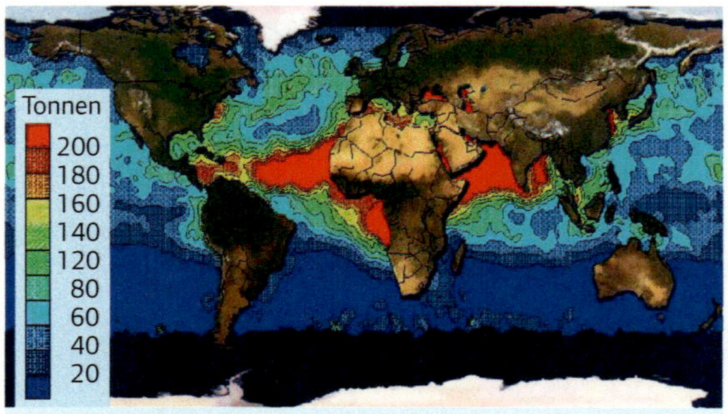

→1 Hauptrouten des Staubtransports (rot) über den Atlantik und Indischen Ozean

→2 Durch einen Staubsturm wurde Saharastaub über 1000 Meilen in den Atlantischen Ozean hinausgetragen.

innerhalb weniger Tage eine massive Phytoplanktonblüte hervorgerufen werden kann.

Heute wissen wir, dass das über die Flüsse zugeführte Eisen kaum den offenen Ozean erreicht. Dieser wird lediglich über atmosphärischen Staub mit Eisen versorgt. Insgesamt fallen jährlich ca. eine halbe Milliarde Tonnen Staub aus den Wüsten unserer Kontinente auf den Ozean. Dieser Staubeintrag ist im subtropischen Nordatlantik durch den Einfluss der Sahara extrem hoch. [→1, 2] Jährlich fallen dort bis zu 10 Tonnen Staub pro Quadratmeter auf den Ozean. Hier spielt Eisenmangel also keine Rolle.

Gase im Meerwasser

Man findet jedes Gas, das in der Atmosphäre vorkommt, auch im Ozean. Dieser steht ja über eine riesige Grenzfläche (71 % der Oberfläche unseres Planeten) mit der Atmosphäre in Kontakt. Für die Löslichkeit von Gasen in Meerwasser gelten einige universelle Abhängigkeiten. So nimmt die Löslichkeit eines jeden Gases mit zunehmender Temperatur und zunehmendem Salzgehalt ab. Dabei dominiert im Meer der Einfluss der Temperatur deutlich über dem des Salzgehalts.

Gasgleichgewicht • Chemische Systeme sind von sich aus bestrebt, ein chemisches und thermodynamisches Gleichgewicht zu erlangen. Ein bestehendes Gasgleichgewicht kann durch Veränderung der Temperatur und/oder des Salzgehalts der 20 bis 100 m starken Deckschicht des Ozeans gestört werden. Eine Nachregulierung geschieht durch Abgabe des Gases an die oder Aufnahme des Gases aus der Atmosphäre. Da dieser Prozess nur einen Zeitraum von wenigen Wochen benötigt, kann die Oberflächenschicht des Ozeans dem Gleichgewicht der Atmosphäre mit einer Verzögerung von Tagen bis Wochen folgen.

Über- oder Untersättigung • Meereschemisch interessant wird es vor allem dann, wenn Gase starke Über- oder Untersättigungen aufweisen. Dies deutet in der Regel auf die aktive Produktion oder den Verbrauch des betreffenden Gases im Meer hin. Tatsächlich ist der Ozean eine Quelle für eine Vielzahl von Gasen (z. B. Lachgas [N_2O], Methan [CH_4]), die für das Klima und die Chemie der Erdatmosphäre bedeutend sind. Lachgas entsteht im Ozean in großen Mengen vor allem durch mikrobielle Umsetzungen unter extrem sauerstoffarmen Bedingungen. Diese treten sowohl im Sediment als auch in den Sauerstoffminimumzonen im offenen Ozean auf.

Die Untersuchung dieser marinen Quellen von N_2O ist vor allem aus zwei Gründen ein aktuelles Forschungsgebiet der Ozeanografie:
- N_2O ist ein etwa 300-fach stärkeres Treibhausgas als CO_2. Sein Anteil beträgt immerhin 10 % am anthropogenen Treibhauseffekt.
- Der Weltozean zeigt momentan einen Trend leicht abnehmender Sauerstoffkonzentrationen. Dies könnte zu einer erhöhten N_2O-Produktion und -Abgabe an die Atmosphäre führen.

Globaler Kohlenstoffkreislauf

Der Ozean kann auch als wichtiger Speicher für Gase wirken. Ein besonders prominentes Beispiel dafür ist das von der Menschheit emittierte Kohlenstoffdioxid (CO_2). Dieses stammt vor allem aus der Verbrennung der fossilen Brennstoffe Erdöl, Erdgas und Kohle und wird als anthropogenes CO_2 bezeichnet. Im Jahr 2006 überschritten die anthropogenen CO_2-Emissionen erstmals die Marke von 8 Gigatonnen Kohlenstoff pro Jahr (1 Gt C = 1 Milliarde Tonnen Kohlenstoff). Diese kaum vorstellbare Menge entspricht einer Freisetzung von mehr als 55 000 Tonnen CO_2 pro Minute oder 4,6 Tonnen je Weltbürger und Jahr. Ein Bundesbürger liegt im Durchschnitt bei stattlichen 9,8 t pro Jahr, ein US-Amerikaner bringt es im Mittel sogar auf jährlich 19,0 t an emittiertem CO_2.

Atmosphärisches CO_2 • Als unmittelbare Folge erreichte die Konzentration des atmosphärischen Treibhausgases CO_2 im Jahr 2011 einen Höchstwert von etwa 392 ppmv (ppmv = Volumenanteil in Millionstel; engl. *parts per million by volume*), was einem Anstieg um 35 % gegenüber dem vorindustriellen Wert entspricht. Wir müssen in der Erdgeschichte um mindestens 2,1 Millionen Jahre – vermutlich sogar weit mehr als 20 Millionen Jahre – zurückgehen, um ähnlich hohe CO_2-Konzentrationen vorzufinden.
Wir wissen, dass der Weltozean aktuell etwa 25 % der anthropogenen CO_2-Emissionen aufnimmt. Damit ist der Ozean nicht nur die zentrale Komponente des globalen Kohlenstoffkreislaufs, er ist auch von ausgesprochen großer Bedeutung für die langfristige Entwicklung des Klimas auf unserem Planeten.

Kohlenstoffspeicher • Der Ozean stellt den größten der rasch miteinander austauschenden Kohlenstoffspeicher Atmosphäre – Landbiosphäre – Hydrosphäre dar. Hierbei versteht man unter „rasch" Zeiten von bis zu einem Jahrtausend. Mit einer Masse von 38 000 Gt Kohlenstoff beinhaltet der Ozean gut 60-mal so viel Kohlenstoff wie die vorindustrielle Atmosphäre. Der Kohlenstoffinhalt der Landbiosphäre, die neben der Biomasse der Pflanzen auch die organische Humusschicht umfasst, erreicht nur 6 % des marinen Kohlenstoffspeichers.

Der Ozean ist somit der Gigant unter diesen Kohlenstoffspeichern und bestimmt damit letztlich den atmosphärischen CO_2-Gehalt. Die hohe chemische Aufnahmekapazität von Meerwasser für zusätzliches CO_2 führt dazu, dass in einem zukünftigen Gleichgewicht zwischen Ozean und Atmosphäre etwa 80 % aller anthropogenen Emissionen in den Weltozean aufgenommen werden. Berücksichtigt man zusätzlich die CO_2-puffernde Wirkung der Tiefsee-Kalksedimente, werden sogar etwa 95 % der anthropogenen CO_2-Emissionen vom Ozean geschluckt.

Ozeanversauerung • Infolge der Aufnahme von anthropogenem CO_2 sinkt der pH-Wert im Meerwasser. Die Absenkung beträgt seit Beginn der industriellen Revolution nur etwas mehr als 0,1 pH-Einheiten. Sie könnte aber bis zum Ende des 21. Jahrhunderts auf nahezu 0,4 pH-Einheiten steigen. Eine solche Änderung wäre erheblich und könnte durchaus gravierende Auswirkungen auf marine Organismen und Ökosysteme haben. Besonders betroffen wären Organismen wie Korallen oder Kalkalgen, die Kalk abscheiden.

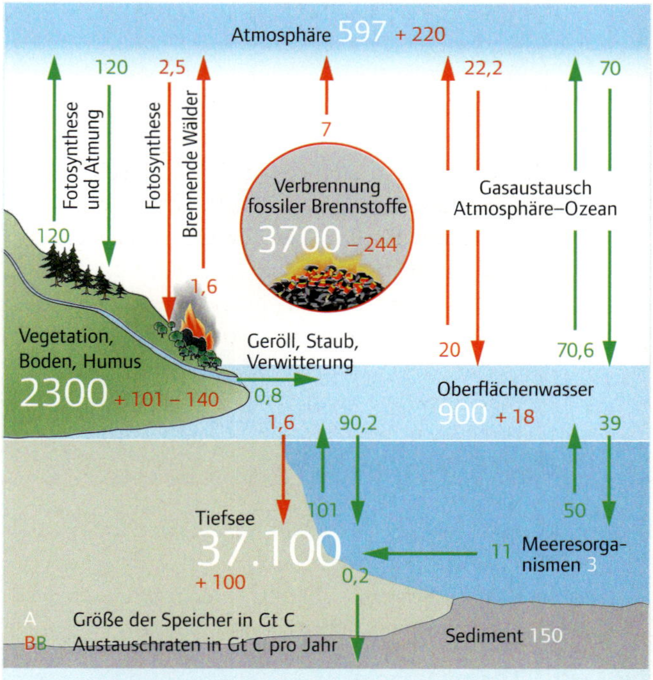

→1 Schematische Darstellung des globalen Kohlenstoffkreislaufs und seiner anthropogenen Störung (rot dargestellt)

4 Biologische Ozeanografie

Im westlichen Nordatlantik gehört der Golfstrom zu den dominierenden ozeanografischen Erscheinungen. Aus dem Chlorophyllgehalt des Wassers können die Ozeanografen Schlüsse über Temperaturen und die Reinheit des Wassers sowie die Menge der Biomasseproduktion in den Ozeanen ableiten. Außerdem dient die Chlorophyllkonzentration als Indikator für die Masse des Phytoplanktons.

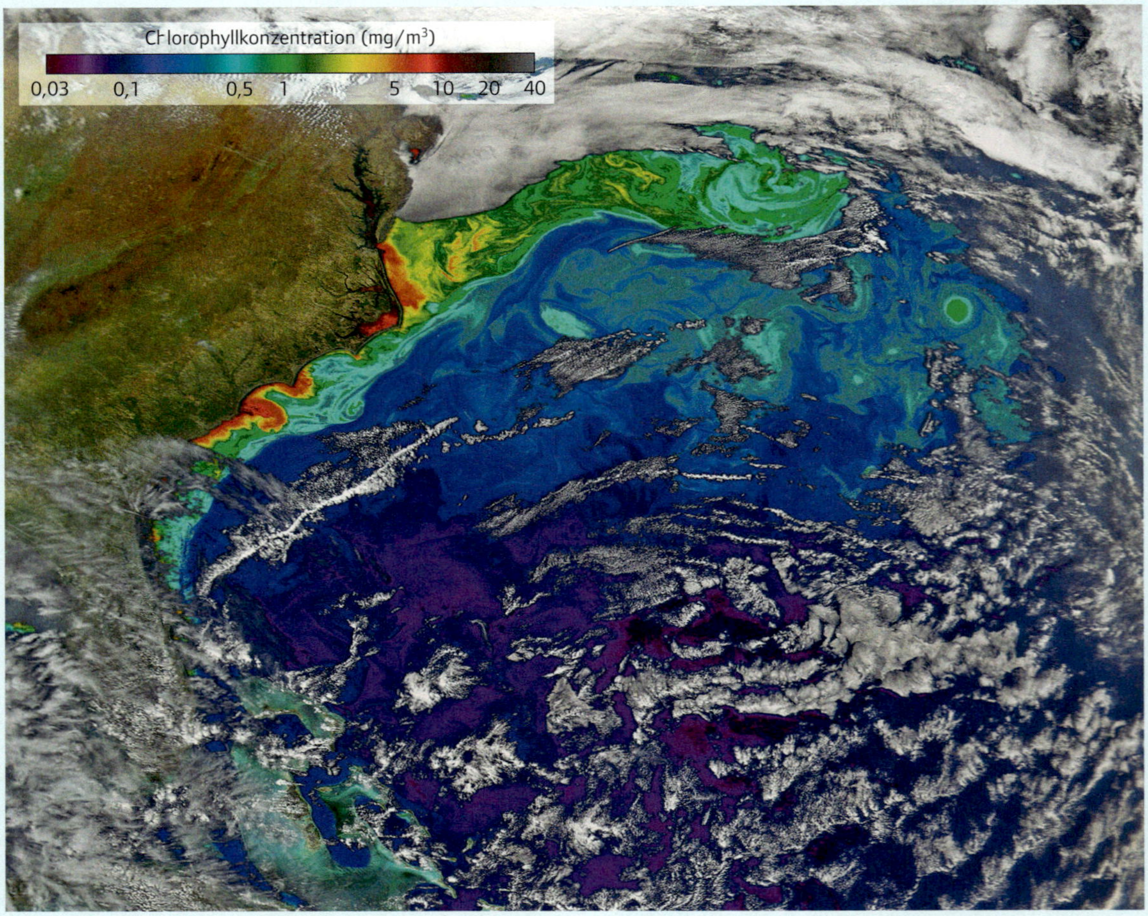

» Wie beeinflussen chemische und physikalische Veränderungen das Ökosystem Meer?

1 Erstelle für einen bestimmten Meeresbereich eine reale Nahrungskette mit 5 Gliedern. Endglied soll der Eisbär sein.

2 Erläutere, welche Bedeutung die Vernetzung mehrerer Nahrungsketten für die Stabilität eines Ökosystems hat.

3 Begründe am Beispiel der Nahrungskette aus Aufgabe 1, warum eine Nahrungskette nicht beliebig lang sein kann.

4 Durch Überfischung kann es zur Minimierung oder zum Wegfall einer Fischart kommen. Erläutere die Auswirkungen dieser Tatsache auf das Ökosystem.

5 Recherchiere, welchen Stellenwert der erhöhte CO_2-Eintrag in die Meere für das Algenwachstum hat. Welche weiteren Faktoren bestimmen das Pflanzenwachstum?

6 Erkunde, was man unter der „Übersäuerung der Meere“ versteht und welchen Einfluss diese auf die im Meer lebende Pflanzen- und Tierwelt hat.

7 Die Temperaturerhöhung hat auch vor den Meeren nicht haltgemacht. Welche Veränderungen erwartest du aufgrund dieser Tatsache für das Ökosystem Meer? Begründe deine Antwort.

8 Meere haben einen bestimmten und durch Einleitungen sogar erhöhten Salzgehalt. Beschreibe, durch welche Mechanismen die Meereslebewesen daran angepasst sind. Erläutere, welche Probleme sich durch eine weitere Erhöhung des Salzgehalts ergeben können.

9 Ökosysteme werden immer wieder vom Menschen beeinflusst. Ein Beispiel dafür ist die „Einwanderung“ neuer Arten durch Anhaftung an Schiffsrümpfen, abgelassenes Ballastwasser oder Anzuchtwasser.
Stelle an einem konkreten Beispiel dar, welchen Einfluss diese neuen Arten auf ein Ökosystem haben und welche weiteren Veränderungen zu erwarten sind.

10 Stelle in einer Übersicht dar, welchen Einfluss Jahreszeiten auf das Ökosystem Meer haben. Berücksichtige dabei auch, dass Meere in unterschiedlichen Klimazonen liegen.

11 Der Sauerstoffgehalt im Wasser spielt eine wichtige Rolle für ein gesundes Ökosystem. Erläutere die Zusammenhänge zwischen Sauerstoffgehalt und möglicher Eutrophierung.

→1 Leben im Korallenriff

Marine Lebensräume und Lebensformen

Lebensraum Meer • Für die Besiedlung durch Lebewesen ist in erster Linie der Unterschied zwischen dem freien Wasser und dem Meeresboden bzw. der Küste ausschlaggebend. Die Ausgestaltung der Küste und des Bodens hängen dabei von der Strömung ab: Bei starker Strömung und/oder Brandung werden Felsen freigelegt (Hartboden). Bei geringerer Strömung kommt es zur Ablagerung von Sedimenten (Sand und Schlick). Es bilden sich Weichböden. Hart- und Weichböden werden von ganz unterschiedlichen Lebewesen besiedelt. Ein weiterer Faktor für die Gliederung des Lebensraumes ist die Tiefe. Je tiefer, desto dunkler und kälter ist es und umso größer ist der dort herrschende Druck. Besonders wichtig ist das Licht: Sein ausreichendes Vorhandensein entscheidet darüber, ob die Lebewesen mithilfe der Fotosynthese pflanzliche organische Stoffe produzieren können. Das ist bis in eine Tiefe möglich, in die etwa 1 % des Oberflächenlichts vordringt. Im klaren Wasser der offenen Ozeane sind das bis zu 200 m, in trüberen Rand- und Küstenmeeren oft nur 20 m. Man bezeichnet diese Schicht als euphotische Zone. Darunter erstreckt sich die dunkle aphotische Zone. In Tiefen von etwa 1000 bis 1500 m ist noch ausreichend Licht für die optische Orientierung von Tiefseefischen vorhanden.

Plankton • Als Plankton bezeichnet man die Gesamtheit der Organismen, die im freien Wasser leben und mit den Wasserströmungen verdriftet werden. Auch aktiv schwimmende Plankter bewegen sich zu langsam, um sich gegen die Strömung bewegen zu können. Das Plankton umfasst eine Vielzahl von Lebewesen: von Bakterien über Algen und Einzellern bis hin zu vielzelligen Tieren.

Das *pflanzliche Plankton* (Phytoplankton) baut seine Körpermasse durch die sauerstoffbildende Fotosynthese auf und verfügt über fotosynthetische Pigmente (Chlorophylle). Es umfasst Cyanobakterien (veraltet: Blaualgen) und Algen.

Die *Tiere des Planktons* (Zooplankton) decken ihren Nahrungsbedarf durch das Fressen anderer Organismen (Phytoplankton, Bakterien und anderes Zooplankton). Zum Zooplankton zählen sowohl einzellige als auch mehrzellige Tiere. Auch die Larven vieler Fische und bodenlebender Tiere (z. B. Borstenwürmer, Muscheln, Stachelhäuter) gehören dem Plankton an.

Das *Bakterioplankton* umfasst eine Vielzahl von bakteriellen Ernährungstypen. Im freien Wasser sind jedoch diejenigen Bakterien am wichtigsten, die abgestorbene organische und von den lebenden Planktern ausgeschiedene, gelöste organische Stoffe zersetzen und dabei Sauerstoff verbrauchen.

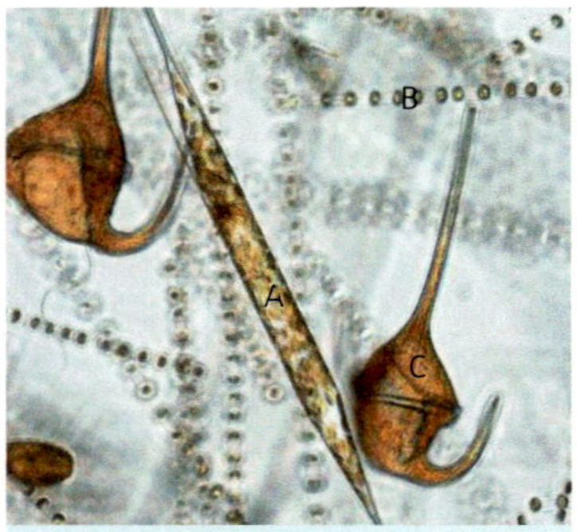

→1 Große Kieselalge *Skeletonema* (A), kleine Kieselalge *Rhizosolenia* (B) und großer Dinoflagellat *Ceratium* (C)

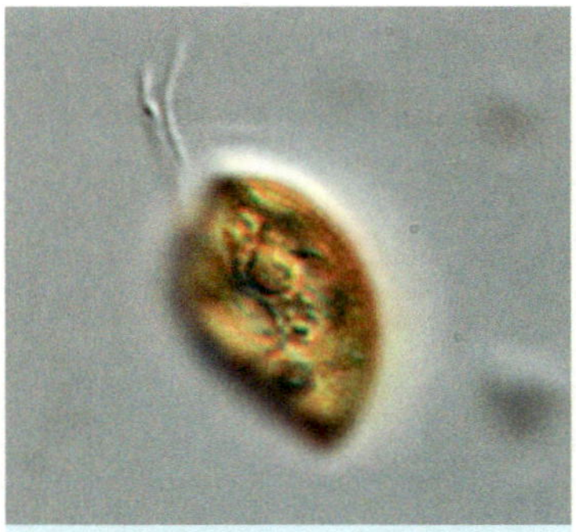

→2 Kleiner Flagellat *Rhodomonas* – etwa 12 µm lang

→3 Kette der Kieselalge *Chaetoceros*

Kieselalgen haben eine mit Siliciumdioxid (SiO_2) imprägnierte, glasähnliche Zellwand und sind die wichtigste, nicht schwimmfähige Gruppe des marinen Phytoplanktons. Die von den Zellen abstehenden Borsten [→3] werden sowohl als Schwebefortsätze, die den Sinkwiderstand erhöhen, als auch als Fraßschutz, der die Kolonie größer und damit für Fressfeinde sperriger macht, interpretiert. Flagellaten können sich durch Geißeln (Flagellen) aktiv fortbewegen. [→2]

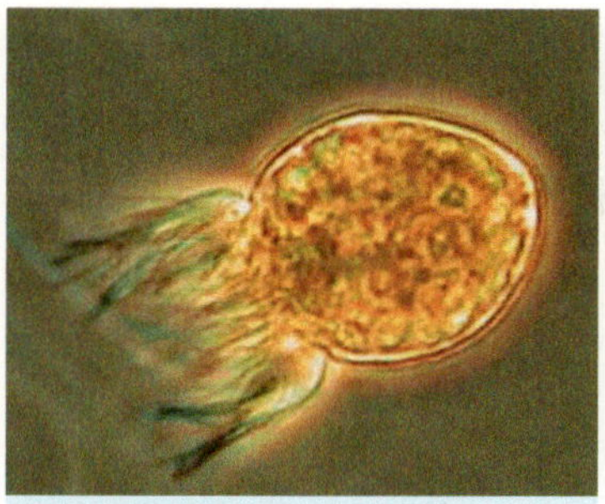

→1 Ciliat *Lohmanniella ovata*

→2 Copepode *Calanus finnmarchicus*

→3 Blattfußkrebs *Podon leuckartii*

Planktische Pilze (Mykoplankton) besiedeln entweder abgestorbenes Material oder sind Parasiten an lebendem Phyto- und Zooplankton.

Sinken und Schweben • Die meisten Bestandteile des Planktons sind etwas schwerer als das Wasser und sinken daher ab, wenn sie nicht aktiv schwimmen können. Vor allem für das pflanzliche Plankton ist es lebenswichtig, in der Zone der Fotosynthese zu bleiben. Sie verfügen daher über Anpassungen, um die Sinkgeschwindigkeit zu minimieren:

- eine geringe Körpergröße: Ähnliche Phytoplankter sinken viermal so schnell, wenn sie doppelt so groß sind.
- Einschlüsse von Substanzen, die eine geringere Dichte als Wasser haben: So können z. B. Fette, das „Übergewicht" zum Wasser minimieren.
- Gaseinschlüsse: Durch ihre geringere Dichte können Cyanobakterien sogar leichter als das Wasser werden und an die Oberfläche auftreiben.
- Fortsätze: Sie erhöhen den Reibungswiderstand gegen das Wasser und verlangsamen das Absinken.

Wachstum und Vergehen • Bakterien, Phytoplankter und Einzeller können sich innerhalb weniger Tage – unter extrem günstigen Wachstumsbedingung sogar mehrmals pro Tag – durch Zellteilungen verdoppeln. Bei vielzelligem Zooplankton dauert es meist wenige Wochen vom Schlüpfen aus dem Ei bis zur Geschlechtsreife. Es gibt allerdings auch Zooplankter mit ein- oder mehrjährigem Generationszyklus, z. B. den antarktischen Krill.

Aus der schnellen Vermehrung des Phytoplanktons resultieren schnelle Massenentfaltungen (Blüten), die sich innerhalb von 1 bis 2 Wochen aufbauen, wenn gute Licht- und Nährstoffverhältnisse vorliegen. Ebenso schnell verschwinden diese Blüten wieder, nämlich dann, wenn das Phytoplankton vom Zooplankton, das in seiner Entwicklung etwas nachhinkt, aufgefressen wird oder wenn das Phytoplankton seine Nährstoffe aufgezehrt hat. Das typischste Beispiel ist die Frühjahrsblüte des Phytoplanktons, die sich nach der dunklen Winterphase aufbaut. In nährstoffreichen Meeren gibt es darüber hinaus auch Blüten im Sommer und Herbst. [→4]

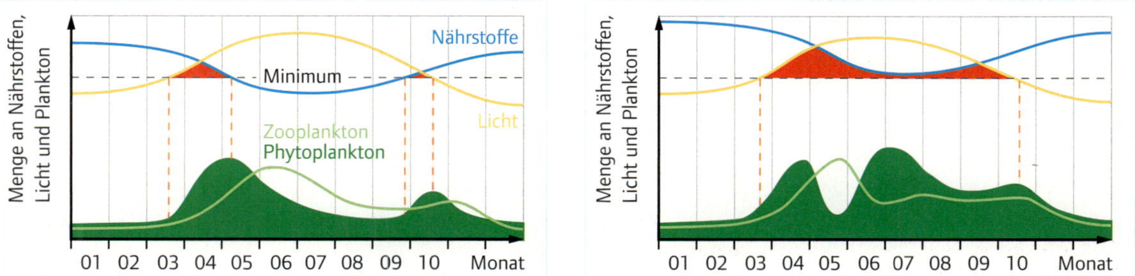

→4 Jahreszeitliches Wachstum und Vergehen des Planktons in nährstoffarmen (links) und nährstoffreichen (rechts) Meeresgebieten. Das Phytoplankton (schattierte Fläche) kann nur wachsen, wenn das Licht- und das Nährstoffangebot ausreichen. Das Zooplankton (unterbrochene Linie) wächst, wenn es genügend Phytoplankton zum Fressen gibt. Hohe Zooplanktondichten können das Phytoplankton wegfressen und zu Minima mitten in der Saison führen. In hohen Breitengraden fällt die Herbstblüte aus, weil sich das Lichtangebot schneller verschlechtert als das Nährstoffangebot.

→1 Tintenfisch

→2 Blasentang

→3 Miesmuschel

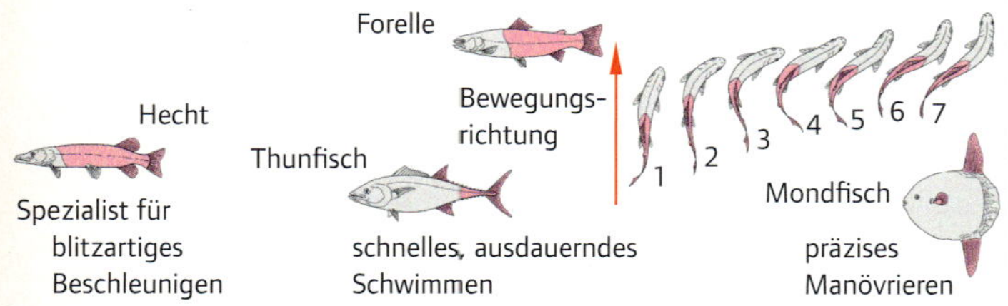

→4 Schwimmbewegungen der Fische

Nekton • Als Nekton werden die schwimmenden Meerestiere bezeichnet, die sich auch gegen Meeresströmungen bewegen können. Dazu gehören vor allem die Fische, aber auch Kopffüßer des freien Wassers (vor allem Tintenfische aus der Gruppe der Kalmare), Meeresschildkröten und Meeressäuger (Wale, Robben, Seekühe). Auch Vögel, die den Großteil ihrer Bewegungen schwimmend durchführen, kann man dem Nekton zurechnen, z. B. Pinguine. Die meisten Fische und Meeressäuger schwimmen in erster Linie durch s-förmige Bewegungen ihres Körpers, während die Flossen der Stabilisierung und Steuerung dienen. [→4] Bei Rochen, Meeresschildkröten und Pinguinen dienen die Flossen bzw. Flügel auch dem Vortrieb. Bei den Tintenfischen dienen die Flossensäume den langsamen Wanderungsbewegungen, während kurze, schnelle Fluchtbewegungen durch Ausstoßen von Wasser nach dem Rückstoßprinzip erfolgen.

Benthos • Das marine Benthos ist die vielfältigste Lebensgemeinschaft der Erde: Das Phytobenthos enthält Cyanobakterien, alle Algenklassen und darüber hinaus auch höhere Pflanzen (Seegräser). Im Zoobenthos sind alle Stämme des Tierreichs sowie die große Mehrheit aller Klassen vertreten. Man unterscheidet Lebewesen, die auf dem Meeresboden leben, und solche, die in den Meeresboden eindringen. Das Innere von Weichböden wird durch grabende Tiere sowie durch kleine Tiere (unter 1 mm) und Einzeller besiedelt. Diese Tiere leben in den Lückenräumen zwischen den Sandkörnern. Auf

→5 Leben im Meeresboden

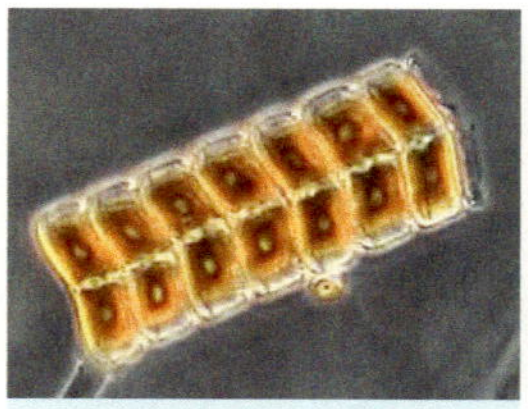
→6 Kieselalge *Achanthes*

→7 Seeigel

→8 Schillernder Seeringelwurm

→9 Strandkrabbe

→ 1 Vertikale Einteilung einer Steilküste: I Spritzwasserzone; II Gezeitenzone; III belichetete Unterwasserzone; IV unbelichtete Unterwasserzone

→ 2 Wattenmeer

Hartböden gibt es nur wenige bohrende Lebewesen (z. B. Bohrmuscheln), die in das Gestein eindringen. Hier dominiert das Leben auf dem Meeresboden. Eine Besonderheit sind festsitzende Tiere, z. B. Muscheln und Korallen. Da diese nicht vor ihren Fressfeinden fliehen können, verfügen sie häufig über harte Schalen. Um diese Schalen doch knacken zu können, sind auch manche ihrer beweglichen Fressfeinde hart gepanzert (z. B. Hummer).

Ein Problem – Sauerstoff • Im Sandboden verschwindet der Sauerstoff in wenigen Zentimetern Tiefe, im Schlickboden schon in wenigen Millimetern. Wie können Tiere, deren Mehrheit Sauerstoff benötigt, damit klarkommen? Eingegrabene Muscheln besitzen lange, ausdehnbare Siphons. [→ S. 44/5] Das sind Einsaug- und Auspuffrohre, die sie ins freie Wasser strecken können. Dadurch saugen sie frisches, sauerstoffhaltiges Wasser ein, das zusätzlich ihre Nahrung (Plankton) enthält. Verbrauchtes Wasser und Stoffwechselprodukte werden ausgestoßen. Andere eingegrabene Tiere, z. B. Wattwürmer, bauen Wohnröhren, durch die sie einen ständigen Strom von frischem sauerstoffhaltigem Wasser pumpen. Unterhalb der Sauerstoffgrenze hört jedoch das Leben insgesamt nicht auf. Es gibt zahlreiche Bakterien, deren Stoffwechsel an ein Leben in dieser Grenzschicht oder ganz ohne Sauerstoff angepasst ist.

Sonderfall Gezeitenzone • Während schnell bewegliche Tiere ausweichen können, stellt das periodische Trockenfallen für Pflanzen und festsitzende oder langsam kriechende Tiere ein Problem dar. Je weiter oben der Lebensraum in der Gezeitenzone liegt, desto länger dauert die Phase des Trockenfallens. Die meisten austrocknungsresistenten Arten würden tiefer unten in der Gezeitenzone besser gedeihen, werden aber dort von konkurrenzstärkeren, schneller wachsenden Arten verdrängt. Daraus resultieren charakteristische Zonen der Artenzusammensetzung. [→ 1]

Spritzwasserzone: Lebensraum mit hoher Salzkonzentration, großer Trockenheit extremer Hitze und Aussüßung bei Regenfällen [→ 3]

Gezeitenzone: nur zeitweilig mit Meerwasser bedeckt, hohe Salzkonzentration, Trockenfallen [→ 4]

Belichtete Unterwasserzone: mit zunehmender Tiefe Veränderung von Druck, Temperatur und Lichtintensität [→ 5, 6]

Unbelichtete Unterwasserzone: Felsüberhänge, Grotten und Höhlen; keine Schlammschicht, da keine Partikel von der Oberfläche absinken

→ 3 Meerfenchel *Crithmum maritimum*

→ 4 Sägetang *Fucus serratus*

→ 5 Zuckertang *Laminaria sacharina*

→ 6 Fingertang *Laminaria digitata*

Das Leben im Meer als Gesamtsystem

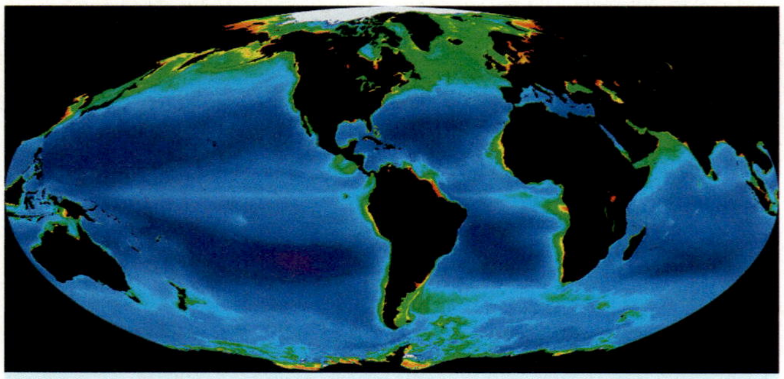

→ 1 Durchschnittliche Verteilung von Chlorophyll: Die höchsten Konzentrationen findet man in Küstennähe und dort, wo Tiefenwasser an die Oberfläche steigt. Dort findet man auch die höchste Produktionsrate an Biomasse.

Biologische Produktion • Den Aufbau organischer Stoffe aus anorganischen Baustoffen bezeichnet man als *Primärproduktion*. Die wichtigste Form der Primärproduktion ist die pflanzliche Version der *Fotosynthese*, bei der das Licht die Energie liefert und aus Kohlenstoffdioxid (CO_2) und Wasser (H_2O) organische Verbindungen produziert werden. Dabei wird das Wassermolekül gespalten und Sauerstoff freigesetzt. Daneben gibt es noch eine in sauerstofffreien Zonen vorkommende *bakterielle Fotosynthese*. Hier tritt Schwefelwasserstoff (H_2S) oder Wasserstoff an die Stelle des Wassers und es wird kein Sauerstoff freigesetzt.
Bei der *Chemosynthese* liefert die Oxidation reduzierter Substanzen die Energie für den Aufbau organischer Stoffe. Immer dient aber das Kohlenstoffdioxid oder sein Dissoziationsprodukt, das Bicarbonat-Ion (HCO_3^-), als Lieferant von Kohlenstoff für den Aufbau organischer Stoffe.
Die Primärproduktion der Weltmeere beträgt ca. die Hälfte der globalen Primärproduktion. Den größten Anteil hat daran das Phytoplankton, auch wenn Großalgen- oder Seegrasbestände im Flachwasser oft eine höhere Primärproduktion pro Fläche haben. Allerdings machen die Flachwasserbereiche, in denen genug Licht für Fotosynthese am Meeresboden vorhanden ist, nur einen verschwindend geringen Anteil an der Gesamtfläche der Weltmeere aus.

Für die Produktion von pflanzlicher Biomasse werden nicht nur Licht, Kohlenstoffdioxid und Wasser benötigt, sondern auch eine Reihe mineralischer Nährelemente. Hohe Produktionsraten sind dort zu finden, wo ein ausreichendes Lichtangebot mit hohen Nährstoffangeboten zusammenfällt: in subtropischen Auftriebsgebieten, wo nährstoffreiches Tiefenwasser an die Oberfläche aufsteigt, in nährstoffreichen Randmeeren oder während der Frühjahrsphase in der gemäßigten Zone. [→ 1]
Daneben können bestimmte gelöste Ionen die Höhe der Primärproduktion begrenzen: Stickstoff- (Nitrat und Ammonium), regional auch Phosphat- und Eisen-Ionen, bei Kieselalgen darüber hinaus gelöste Silikat-Ionen.
Organismen, die den zum Aufbau ihrer Körpersubstanz benötigten Kohlenstoff aus bereits synthetisierten organischen Verbindungen beziehen, sind auf die von den Primärproduzenten bereitgestellten organischen Stoffe angewiesen. Diese Produktion von Biomasse wird in ihrer Gesamtheit als *Sekundärproduktion* bezeichnet.

Stoffkreisläufe • Mit dem Aufbau organischer Stoffe aus anorganischen Baustoffen und der nachfolgenden Verwertung dieser Substanzen im Nahrungsnetz setzen die Meereslebewesen gigantische Kreisläufe aller am Aufbau der Biomasse beteiligten Elemente in Gang.

Nahrungsketten und -netze • Die traditionelle Vorstellung der Ernährung von Fischen im freien Wasser besteht in einer geradlinigen Nahrungskette: Das Phytoplankton wird vom Zooplankton gefressen, dieses von kleinen Schwarmfischen (Heringe, Sprotten, Sardinen ..), die ihrerseits wieder von Raubfischen gefressen werden.
Mit Ausnahme der Primärproduzenten am Anfang ist jedes Glied dieser Nahrungskette auf die Produktion von Körpermasse durch das vorangehende angewiesen. Darüber hinaus ist ein Teil der Futtermasse unverdaulich. Ein weiterer Teil muss für die Bereitstellung von Energie für Lebensprozesse umgewandelt werden. Daher beträgt die Produktion eines Nahrungskettenglieds in der Regel nur 10 %, bestenfalls 20 % der des vorangehenden. Das bedeutet, die Fischproduktion beträgt etwa nur 1 % der Primärproduktion.

→1 In geologischen Zeiträumen wird aus Muschelschalen Muschelkalk.

→2 Muschelkalk

→3 Korallenriff – besteht hauptsächlich aus Calziumcarbonaten.

Das Bild der geradlinigen, unverzweigten Nahrungskette ist jedoch stark vereinfacht. Inzwischen hat sich das Bild eines komplexen Nahrungsnetzes durchgesetzt: [→4] Vor allem kleinere Phytoplankter werden erst von Einzellern gefressen, die dann ihrerseits von Ruderfußkrebsen gefressen werden. Ein Teil der Ruderfußkrebse wird nicht von den Fischen, sondern vom räuberischen Zooplankton gefressen, das sich nur zum Teil als Fischnahrung eignet. Besonders die gelatineartigen Zooplankter (z. B. Quallen) werden wegen ihres hohen Wassergehalts und niedrigen Nährwerts von vielen Fischen verschmäht.

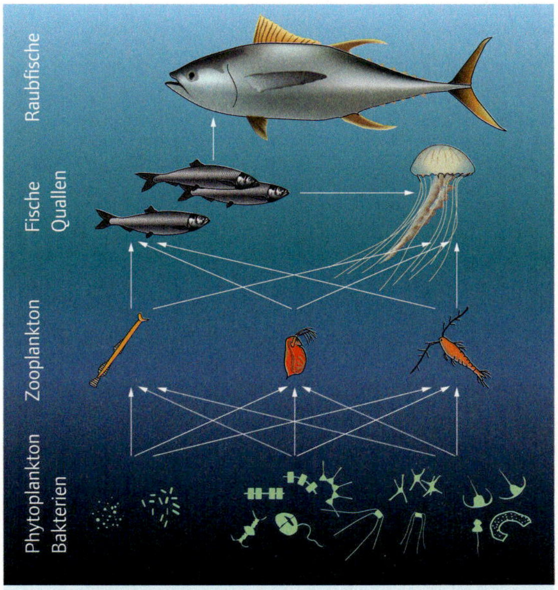

→4 Nahrungsnetz

Nutzung, Übernutzung und Belastung

Fischerei • Eigentlich sollten nur so viele Fische dem Meer entnommen werden, wie nachwachsen können. Fischerei sollte also dem *Nachhaltigkeitsprinzip* folgen. Um die Bewirtschaftung eines Bestands zu optimieren, hat das Fischereimanagement das Konzept des *maximalen nachhaltigen Ertrags* entwickelt. Das sind Berechnungsmodelle, mit denen ermittelt wird, wie viel man maximal fischen kann, ohne das Ziel der Nachhaltigkeit zu gefährden. Daraus sollten dann die Fangquoten für die Fischerei berechnet werden. Leider funktioniert das nicht!

→5 Fischfang

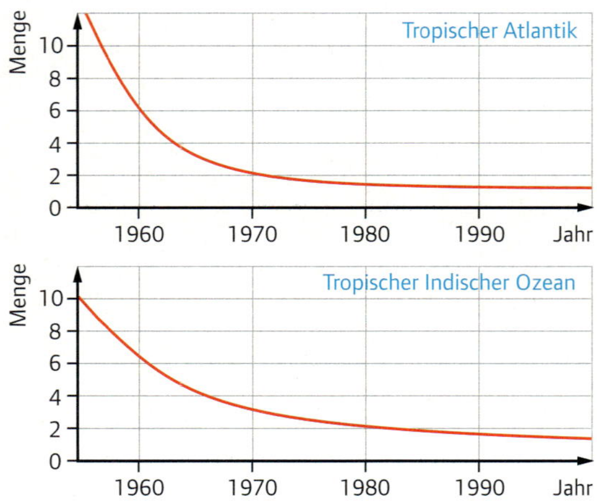

→ 1 Überfischung der Weltmeere. Abnahme der Raubfischbestände, gemessen als Zahl der gefangenen Fische pro 100 Haken auf Langleinen, eine der gängigen Fangmethoden im offenen Ozean

Oft werden die Quoten wegen des starken Drucks der hoch subventionierten und in bestimmten Regionen sehr wichtigen Fischereiindustrie (Arbeitsplätze, Erhaltung traditioneller Strukturen) von den politischen Entscheidungsträgern höher angesetzt. Die Einhaltung der Fangquoten wird unzureichend kontrolliert.

Vor allem der Übergang von einer handwerklichen, in Kleinbetrieben durchgeführten zu einer industriellen Fischerei hat den Fischbeständen der Welt zugesetzt. Waren die Bestände im Nahbereich ausgebeutet, wurden neue, immer entlegenere Fanggebiete erschlossen und neue Arten in die Fischerei einbezogen. Inzwischen ist es so weit, dass vor allem die mittelgroßen (z. B. Dorsch) und großen Raubfische (z. B. Thunfische) in allen größeren Meeresgebieten auf ein Zehntel ihrer historischen Bestände dezimiert wurden. Setzt sich der gegenwärtige Trend fort, werden zur Mitte dieses Jahrhunderts alle Fischbestände dezimiert sein. Neben dem Verlust einer wichtigen Eiweißquelle für die Menschheit hat der Zusammenbruch der Fischbestände auch nachteilige Auswirkungen auf das Ökosystem Meer. Irgendjemand wird den Platz der Fische im Ökosystem einnehmen. Das werden vorwiegend die Quallen sein, die in gesunden Ökosystemen durch die Konkurrenz und den Fraßdruck der Fische unter Kontrolle gehalten werden.

Eutrophierung • Über das Grundwasser, die Flüsse und die Atmosphäre gelangen Stickstoff- und Phosphorverbindungen sowie andere Pflanzennährstoffe ins Meer. Diese stammen aus Abwässern, der landwirtschaftlichen Düngung und Verbrennungsprozessen. Dadurch steigt die biologische Produktivität der Küstengewässer. Dieser Prozess wird *Eutrophierung* genannt und ist im Grunde nichts anderes als eine unbeabsichtigte Düngung. Diese hat jedoch gravierende Nebenwirkungen. So entwickeln sich z. B. massenhaft teilweise giftige Algen, die die Qualität des Wassers beeinträchtigen, den Badebetrieb stören und im Extremfall zu Fischsterben führen. Aber auch dann, wenn sich unter dem geförderten Phytoplankton keine giftigen Arten finden, führt das Absinken großer Biomassen und der nachfolgende Abbau im dunklen Tiefenwasser zur Aufzehrung des Sauerstoffs. Der Lebensraum für sauerstoffabhängige Tiere wird eingeengt. In den reichen Ländern ist es durch den großflächigen Einsatz von Kläranalagen, durch die Reduzierung des Phosphats in Waschmitteln und durch weitere Maßnahmen gelungen, das Fortschreiten der Eutrophierung zu stoppen. Aber an den Küsten vieler Entwicklungs- und Schwellenländer verschärft sich das Problem nach wie vor.

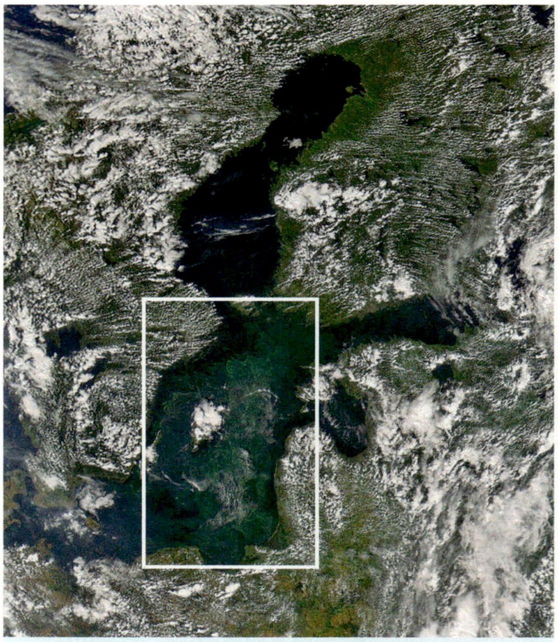

→ 2 Giftige Cyanobakterien in der Ostsee

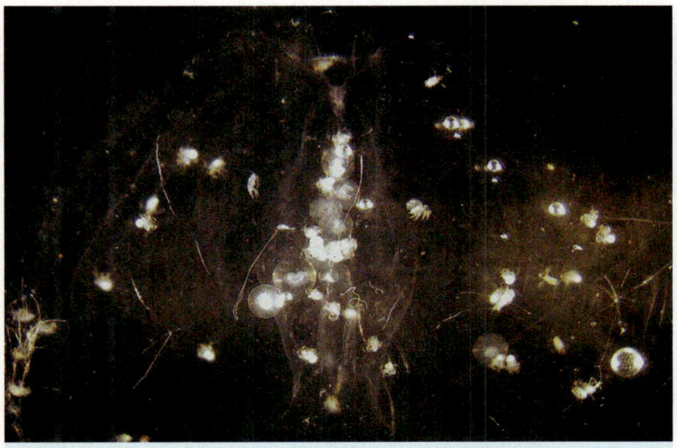

→1 Fischeier im Verdauungstrakt von *Mnemiopsis leidyi*

→2 *Caulerpa taxifolia*

Klimawandel • Die zunehmende CO_2-Konzentration in der Atmosphäre hat zwei Hauptauswirkungen auf die Ozeane: die Erhöhung des CO_2-Gehalts im Wasser und eine Erwärmung. Die Erhöhung des CO_2-Gehalts schadet vor allem den Organismen, die Kalkschalen oder -skelette aufbauen, da sich der Kalk in CO_2-reichem Wasser löst. Besonders gravierend ist die Gefahr für die Korallenriffe. Nicht nur die Korallen selbst sind betroffen, sondern alle anderen in den Riffen lebenden Arten, die auf diesen Lebensraum angewiesen sind. Korallenriffe zählen noch zu den artenreichsten Lebensräumen der Erde.

Die Erwärmung der Ozeane führt bereits jetzt zur Verschiebung geografischer Verbereitungsgrenzen. Wärmeliebende Arten dehnen sich in Richtung der Pole aus, während kälteliebende Arten sich zurückziehen. An die Jahreszeiten gebundene Ereignisse, wie z. B. die Fortpflanzung, finden früher oder später statt. Da nicht alle Arten in gleicher Weise auf die Erwärmung reagieren, kann es zu schädlichen Zeitverschiebungen kommen: Fischlarven schlüpfen plötzlich zu Zeitpunkten, an denen es zu wenig Futter gibt, und verhungern dann.

Im Prinzip sollte dies nur ein vorübergehendes Problem sein. Es kann mit einer evolutionären Anpassung oder mit der Einwanderung besser angepasster Arten gerechnet werden.

Invasive Arten. • Durch den weltweiten Schiffsverkehr und den Austausch des Ballastwassers sowie durch den Transport von Zuchtorganismen für die Aquakultur oder für Aquarien werden Meeresorganismen weltweit verschleppt. Sie können sich in Gebieten ansiedeln, die weit von ihrer ursprünglichen Heimat entfernt sind. Ihr Einleben im neuen Lebensraum wird dadurch gefördert, dass einheimische Arten durch Umweltveränderungen oder Überfischung oft geschwächt sind und daher der Konkurrenz- oder Fraßdruck vermindert ist. Oft integrieren sich die Eindringlinge relativ problemlos in das Ökosystem, in manchen Fällen kommt es jedoch zu schweren Schäden. Ein bekanntes Beispiel ist die ursprünglich im Indopazifik beheimatete Makroalge *Caulerpa taxifolia*, die durch Abwässer aus dem Aquarium von Monaco ins Mittelmeer eindrang und dort die einheimischen Seegraswiesen überwucherte. [→2] *Caulerpa* ist giftig, hat keine natürlichen Feinde im Mittelmeer und kann die Rolle von Seegraswiesen als Lebensraum zahlreicher Tiere und Aufzuchtgebiet von Fischen nicht ersetzen.

Wie schwierig die Zuschreibung von Ursachen und Wirkungen jedoch sein kann, zeigt ein anderes Beispiel. Die ursprünglich an der amerikanischen Atlantikküste beheimatete Rippenqualle *Mnemiopsis leidyi* wurde 1982 zum ersten Mal im Schwarzen Meer entdeckt. [→1] 1989 erreichte sie besonders hohe Dichten, während gleichzeitig der Fang von kleinen Schwarmfischen (Sardellen, Sardinen, Sprotten) einen absoluten Tiefstand erreichte. Ursprünglich verdächtigte man die Qualle, den Zusammenbruch der Fischerei verursacht zu haben. Sie galt als Nahrungskonkurrent der Fische und Räuber von Fischlarven. Inzwischen gibt es jedoch auch Hinweise, dass Überfischung den Weg für diese Qualle erst frei gemacht haben könnte.

5 Erderwärmung Meeresspiegelanstieg Küstenschutz

Steigende Temperaturen als Resultat des Klimawandels werden in unseren Breiten vielleicht als etwas Angenehmes betrachtet. Höhere Wassertemperaturen für Badende in Nord- und Ostsee sind aber nicht die wichtigsten Veränderungen, die auf uns zukommen. Wärmere Meere heizen die Erderwärmung weiter an, entfachen stärkere Stürme, überfluten tief gelegene Küstenstreifen und schädigen Korallenriffe. Dieses Kapitel zeigt die vielfältigen Wechselwirkungen zwischen Atmosphäre, Ozean und Küstengebieten.

» *Wie kann man einem weiteren Temperaturanstieg in der Erdatmosphäre und in den Weltmeeren entgegenwirken?*

1 Absorption und Reflexion – Albedo

Untersuche, wie die Erwärmung der Körper von der Farbe ihrer Oberfläche und von der Einfallsrichtung der Strahlung abhängt.

a Bestrahle zuerst den schwarzen und dann den weißen Fotokarton 3 Minuten lang. Miss die Temperatur an der Kartonoberfläche. [→ 1]

b Mit einer Solarzelle kannst du feststellen, welcher Anteil der auftreffenden Strahlung von den unterschiedlichen Oberflächen jeweils zurückgeworfen wird. Lege die Solarzelle zuerst auf den Karton und halte sie dann in die zurückgestreute Strahlung. [→ 2]

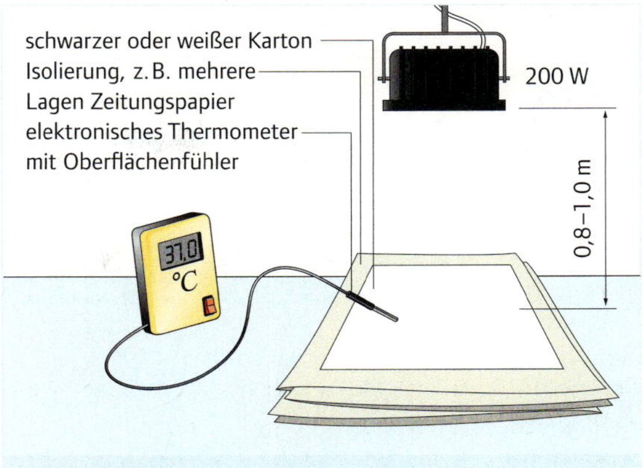

→ 1 Absorption

→ 2 Reflexion

2 Infrarotstrahlung

Sichtbares Licht kann Luft und Glas durchdringen. Gilt das auch für Wärmestrahlung (Infrarotstrahlung)? Halte deine Hand 20 cm neben eine 100-Watt-Glühlampe. Schiebe dann eine Glasplatte zwischen Lampe und Hand. Verwende danach ein Bügeleisen (eine Kochplatte) als Strahlungsquelle. [→ 3] Beschreibe deine Beobachtungen.

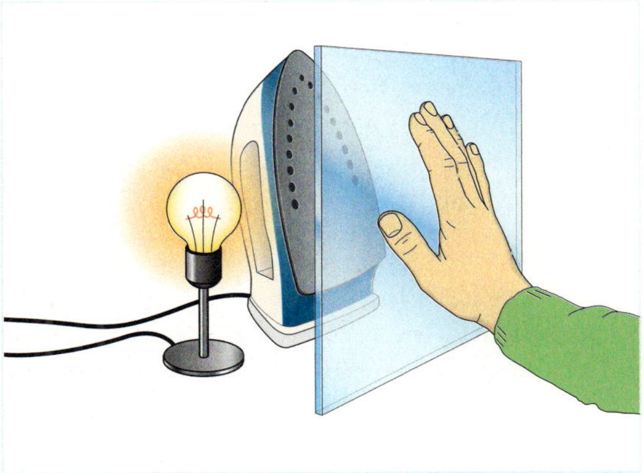
→ 3 Infrarotstrahlung

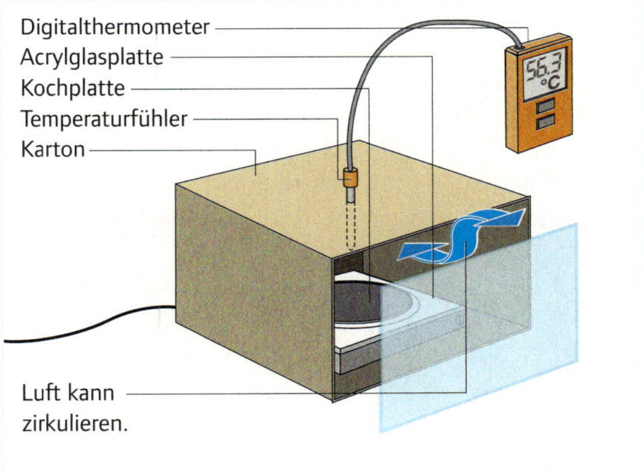

→ 4 Treibhauseffekt im Modell

3 Modell für die Atmosphäre

Eine Kochplatte in einem Karton wird gleichmäßig beheizt. Wenn die Temperatur nicht mehr ansteigt, wird einige Zentimeter vor die Öffnung eine Acrylglasplatte gestellt. [→ 4]

Wie ändert sich die Temperatur im Karton? Prüfe nach 1 bis 2 Minuten mit der Wange die Strahlung der Glasplatte auf beiden Seiten. Stelle den Bezug zwischen diesem Aufbau und der Erde her.

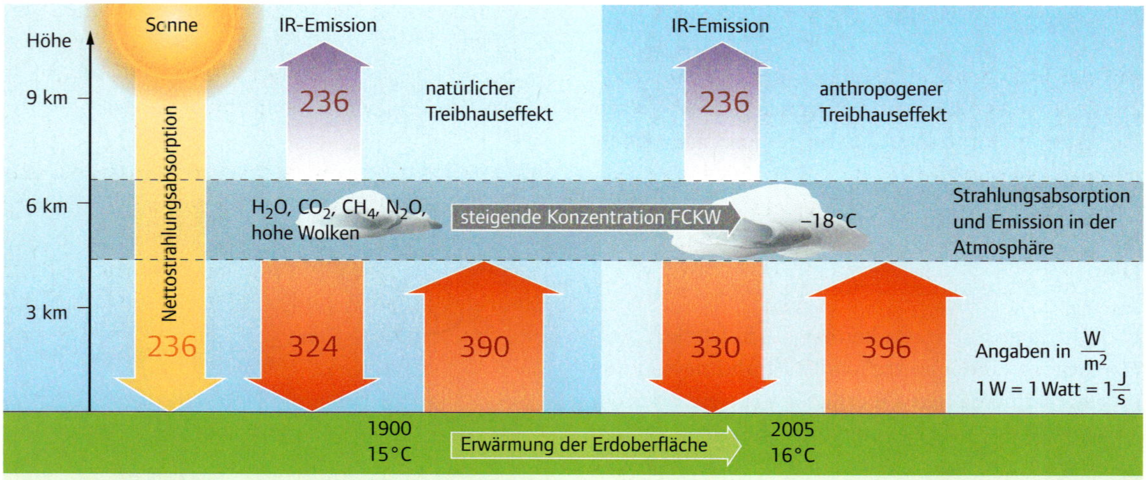

→1 Natürlicher und anthropogener Treibhauseffekt im Vergleich

1. Beschreibe den Aufbau und die Funktion der Erdatmosphäre. Welche Funktionen sind dabei besonders wichtig für die Entstehung und Entwicklung des Lebens auf der Erde?

2. Erläutere, wie der natürliche Treibhauseffekt zustande kommt. Beschreibe, wie menschliche Aktivitäten den Treibhauseffekt beeinflussen.

3. Beschreibe, welche Rolle der Wärmetransport durch Konvektion für den Aufbau und die Vorgänge in der Troposphäre spielt.

4. Fertige mithilfe der Abbildung [→1] eine Strahlungsbilanz an und erläutere diese.
Welche Auswirkungen hat die Erhöhung der Konzentration von Treibhausgasen wie z. B. Kohlenstoffdioxid auf diese Strahlungsbilanz?

5. Informiere dich über Initiativen zum Verbot und zur Reduzierung der Emission verschiedener Treibhausgase. Versuche mithilfe der Tabelle [→S. 54/A] die Effektivität dieser Maßnahmen für einen nachhaltigen Klimaschutz einzuschätzen.

6. Nenne die Bedingungen für die Destabilisierung von Methan am Meeresboden und in Dauerfrostböden. Beschreibe, welche Folgen dies für das Klima und die Höhe des Meeresspiegels hätte.

7. Recherchiere zu den möglichen Ursachen für Meeresspiegelschwankungen. Versuche die regionalen und globalen Auswirkungen dieser Schwankungen abzuschätzen.

8. Informiere dich über die Bedingungen, unter denen ein Gegenstand im Wasser schwimmt bzw. untergeht. Begründe nun, warum Eisberge schwimmen und warum das Abschmelzen der schwimmenden Eismassen nicht zum Anstieg des Meeresspiegels beiträgt.

9. Überprüfe die Richtigkeit der folgenden Aussage: „Auch ohne Abschmelzen des Landeises kommt es zu einem Anstieg des Meeresspiegels." Begründe deine Entscheidung.

10. Die Küstenregionen sind durch einen steigenden Meeresspiegel direkt bedroht. Stelle in einer Übersicht zusammen, welche Auswirkungen die unterschiedlichen Modelle über den Anstieg des Meeresspiegels für eine bestimmte Küstenregion haben.

11. Die Nordseeküste wird immer von Sturmfluten heimgesucht. Stelle in einer geeigneten Übersicht die schwersten Sturmfluten vor.

12. Präsentiere auf einem Poster die Maßnahmen des Küstenschutzes in Deutschland. Stelle auch dar, welche dieser Maßnahmen einen kurzfristigen und welche einen langfristigen Küstenschutz gewährleisten.

Erderwärmung

Auf der Erde befindet sich das Klima in einem natürlichen Gleichgewicht, das aus dem Wechselspiel zwischen Atmosphäre, Ozeanen und Landoberflächen resultiert. Seit Mitte des 18. Jahrhunderts – dem Beginn der Industrialisierung – wächst der Einfluss des Menschen auf das Klimasystem ständig. Diese Einflussnahme zeigt sich vor allem am sogenannten *anthropogenen Treibhauseffekt.*

Natürlicher Treibhauseffekt • Natürliche Prozesse sorgen dafür, dass auf der Erde eine für das Leben geeignete und angenehme durchschnittliche Temperatur von ca. 15 °C herrscht. Treibhausgase „fangen" die vom Erdboden abgestrahlte Wärmestrahlung in der unteren Atmosphärenschicht (Troposphäre) ein und bewirken damit eine bodennahe Erwärmung um insgesamt 33 °C. Ohne diese natürlich vorhandenen Treibhausgase – die wichtigsten sind Wasserdampf (H_2O), Kohlenstoffdioxid (CO_2) und Methan (CH_4) – wäre die Erde also ein Eisplanet.

Anthropogener Treibhauseffekt • Ein Anstieg der Konzentration der Treibhausgase in der Atmosphäre sorgt für eine zusätzliche Erwärmung der Erde. Für die beobachtete Zunahme ist nun seit vielen Jahrzehnten der Mensch verantwortlich: durch Rodung von Wäldern, Verbrennen von Kohle, Erdöl und Erdgas, Düngung von Äckern und viele andere Aktivitäten. Seit 1750 ist der Kohlenstoffdioxidgehalt der Luft von 280 ppm (Anteile pro 1 Mio. Luftteilchen) auf 385 ppm gestiegen. Dabei hat sich der Anstieg der Konzentration dieses und anderer Treibhausgase in der Atmosphäre im Verlauf des 20. Jahrhunderts immer stärker beschleunigt. Straßenverkehr und Energiegewinnung in Kraftwerken spielten und spielen dabei die größte Rolle.

Seit 1900 hat die vom Menschen verursachte Zunahme der Treibhausgase bis heute eine Erwärmung um 0,8 °C im globalen Mittel bewirkt. Das scheint wenig, ist aber trotzdem eine raschere und stärkere Erwärmung, als sie in den letzten 1000 Jahren auf natürlichem Wege zustande kam. Außerdem sind zwei weitere Tatsachen von Bedeutung:

1. Die Temperaturzunahme verlief zu Beginn des 20. Jahrhunderts viel langsamer als am Ende, hat sich also beschleunigt.

2. Die Erwärmung ist räumlich nicht gleichmäßig über die Erde verteilt. Es gibt Gebiete, die sich überdurchschnittlich rasch und stark erwärmen, und andere, die das weniger tun oder sich sogar leicht abgekühlt haben. [→ 1]

Zu den Regionen, die sich besonders schnell erwärmen, zählt das Gebiet um den Nordpol – das Nordpolarmeer und die angrenzenden Landgebiete, z. B. Grönland, Nordost-Kanada und Alaska.

Die komplexen und komplizierten Zusammenhänge zwischen einzelnen klimabestimmenden Faktoren treten nicht immer offenkundig in Erscheinung und wirken sich erst langfristig auf das Klima aus.
Ein großer Teil des auf der Erde vorhandenen Kohlenstoffs wandert in den Ozean und wird dort für kürzere oder auch für lange Zeiträume gebunden.

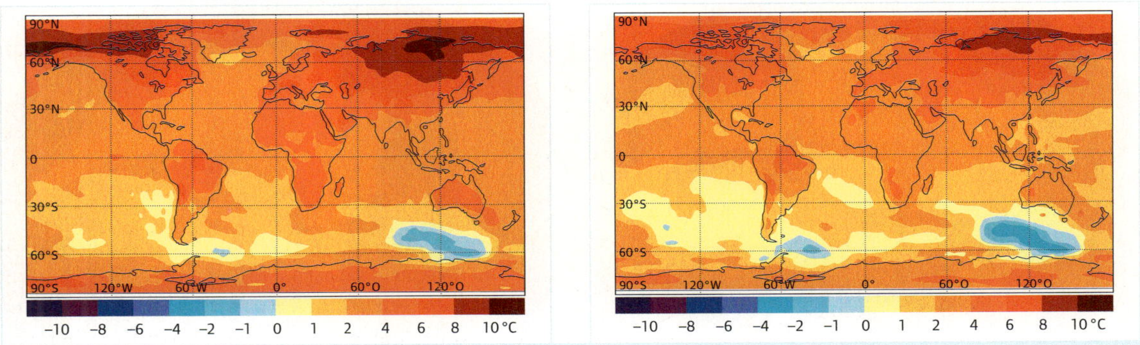

→ 1 Erwartete Änderung der globalen Lufttemperatur

Auch Kohlenstoffdioxid wird so der Atmosphäre entzogen und steht damit für den Treibhauseffekt nicht zur Verfügung. Schreitet also die Erderwärmung – die auch mit der Erhöhung der Temperaturen im Ozean verbunden ist – weiter voran, wird die Aufnahme von Kohlenstoffdioxid in den Meeren abgeschwächt. Dadurch verstärkt sich wiederum der Treibhauseffekt in der Atmosphäre.

Arktis • Eine andere Art von positiver Rückkopplung ergibt sich aus der überdurchschnittlichen Erwärmung der Arktis. [→1] Die überwiegend eis- und schneebedeckte Region reflektiert einen großen Anteil der auftreffenden Sonnenstrahlung. Eis und Schnee haben eine hohe *Albedo*. Dadurch findet keine Erwärmung an der Erdoberfläche statt. Im Vergleich dazu nimmt eine dunkle Oberfläche, z. B. Wasser ohne Eisbedeckung, die Sonnenenergie auf und erwärmt sich. Besonders im Sommer führt die überdurchschnittliche Erwärmung in der Arktisregion zu immer kleiner werdenden Eis- und Schneeflächen in diesem Gebiet. Da jetzt der Albedoeffekt fehlt, kann die Sonnenstrahlung größere eisfreie Gebiete stärker aufheizen. Dieser Effekt gilt auch für andere Gebiete der Erde.

Für die Nordpolarregion ist er aber von besonderer Bedeutung, da dort bereits geringe Temperaturänderungen zu größeren Änderungen in der Eis- und Schneebedeckung führen können. So sind seit Mitte des 20. Jahrhunderts die Temperaturen in Alaska um fast 3 °C gestiegen.

Die Fläche des arktischen Meereises hat sich seit 1975 um fast 1 Mio. Quadratkilometer verringert – das ist die 2,5-fache Fläche Deutschlands. Im Vergleich dazu sind die Veränderungen der Eisflächen im Bereich der Antarktis wesentlich geringer, da dort die Temperaturen insgesamt sehr viel niedriger liegen.

Konsequenzen • In den letzten beiden Jahrzehnten schritten die Veränderungen des Klimas rascher voran als je zuvor. Dies hängt nicht zuletzt damit zusammen, dass die Atmosphäre mit einer zeitlichen Verzögerung von Jahren bis Jahrzehnten auf die steigenden Konzentrationen von Treibhausgasen reagiert. Die beobachtete Temperaturzunahme spiegelt also immer nur die Auswirkungen früherer menschlicher Aktivitäten wider. In den letzten Jahren hat der Ausstoß von Kohlenstoffdioxid und anderen klimaschädlichen Gasen weltweit immer mehr zugenommen. Auch Schwellenländer wie China und Indien haben einen rapide wachsenden Energiebedarf. Wie rasch und wie weit die Erderwärmung voranschreitet, hängt also besonders davon ab, wann wir effektive Maßnahmen für den Klimaschutz treffen. Besonders wichtig: Wie schnell kann die Produktion und der Ausstoß von Treibhausgasen massiv verringert werden? Auf jeden Fall wird es im 21. Jahrhundert zu einer starken Erwärmung kommen. Im günstigsten Fall, d. h. bei drastischer Verringerung herkömmlicher Energienutzung, könnte diese bis zum Jahr 2100 auf 2 °C beschränkt bleiben. Wahrscheinlicher als dieser Wert ist jedoch eine Erwärmung um 3 bis 4 °C bis zur Jahrhundertwende. [→S. 55/1] Aber auch nach 2100 wird sich die Erderwärmung noch längere Zeit fortsetzen – mit einer Reihe von problematischen Auswirkungen, nicht zuletzt für Küstengebiete.

→1 Arktische Eisbedeckung September 1979 (links) und 2005 (rechts)

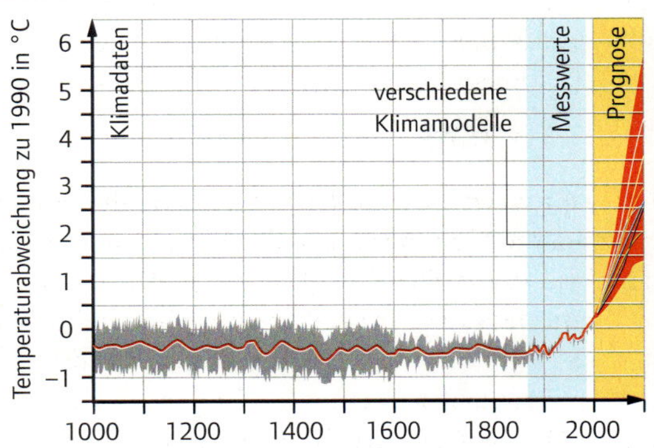

→1 Temperaturanstieg: Vergangenheit – Gegenwart – Zukunft

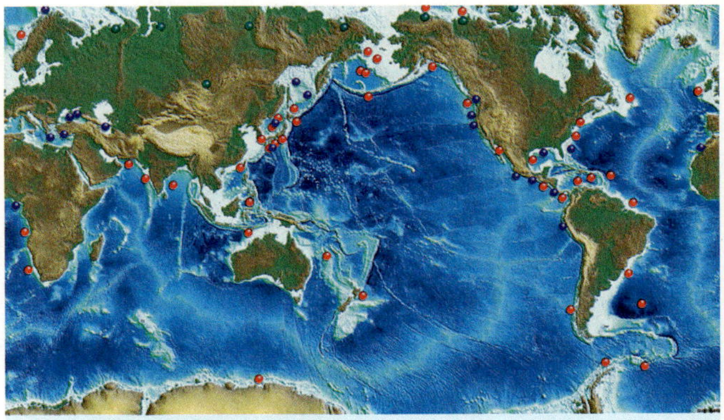

→2 Gashydratfunde im Ozean und an Land

Erwärmung des Meeresbodens

Gashydrate • Am Meeresboden lagern sich in geologischen Zeiträumen anorganische und organische Stoffe ab. Bestimmte Meeresorganismen (z. B. das Phytoplankton) entziehen durch Fotosynthese dem Wasser Kohlenstoffdioxid. Sterben diese Organismen ab, sinken sie auf den Meeresboden. Dort wird somit eine riesige Menge an Kohlenstoff eingelagert. Teile dieses Kohlenstoffs werden durch Verwesungsprozesse in Methan (CH_4) umgewandelt. Dieses Gas kann durch den Druck der darüberliegenden Wassermassen und Sedimente zu einem Gas-Wasser-Gemisch mit einer eisähnlichen Struktur verdichtet werden. Es wird dann als *Gashydrat* oder *Methanhydrat* bezeichnet. [→3] Gelangt Methan wieder an die Wasseroberfläche und in die Atmosphäre, dann wirkt es als sehr starkes Treibhausgas. Je Molekül ist seine Wirkung 25-mal stärker als die eines CO_2-Moleküls.

Methanhydrate werden an allen Kontinentalsockeln und Schelfgebieten gebildet. [→2] Der arktische Ozean ist ein Gebiet, in dem – wie man erst seit Kurzem weiß – riesige Mengen an Gashydrat auf dem Meeresboden lagern. Sie entstehen hier großräumig, weil zahlreiche große Flüsse aus Sibirien ihre Sediment- und Kohlenstofffracht im Nordpolarmeer ablagern. Die niedrigen Wassertemperaturen (z. T. unter 0 °C) begünstigen die Entstehung des Eishydrats. Auch auf dem Festland kann es zur Freisetzung von Methan kommen, wenn im beispielsweise Permafrostboden Auftauprozesse einsetzen und Bakterien bei der Zersetzung von Biomasse unter Sauerstoffabschluss Methan produzieren.

Energiequelle Methanhydrat • Man schätzt, dass in den Methanhydraten am Meeresboden mehr Kohlenstoff lagert als in allen Kohle-, Erdöl- und Erdgaslagerstätten auf der ganzen Erde zusammen. Damit bergen die Methanhydrate sowohl Chancen als auch Risiken: Wenn es gelänge, diese Vorräte für die Energiegewinnung nutzbar zu machen, hätte die Menschheit auf absehbare Zeit ihre Energieversorgung gesichert. Die Freisetzung des darin enthaltenen Methans birgt aber eine massive Gefahr zur Verstärkung des Treibhauseffekts und einer noch rascheren Erderwärmung in sich.

Im arktischen Ozean sind die Methanhydrate bisher gebunden, da die Sedimente am Meeresboden als Permafrost eingefroren wurden. Bislang waren Luft-

→3 Methanhydrat im Sediment

Treibhausgase	Kohlenstoffdioxid CO_2	Methan CH_4	Stickstoffdioxid NO_2	Ozon O_3	FCKW
Gegenwärtige Konzentration in ppm	370	1,65	0,31	0,02	0,00052
Verweildauer in der Atmosphäre in Jahren	10	7–10	150	0,10	90
Gegenwärtiger atmosphärischer Trend	+0,4	+1,10	+0,25	ungewiss	+5
Beitrag zum Treibhauseffekt in %	50	19	4	8	17
Klimawirksamkeit bezogen auf ein Molekül CO_2	1	32	150	2000	16000
Anthropogene Quellen	fossile Brennstoffe, Waldrodung, Bodenerosion	Reisanbau, Rinderhaltung, Mülldeponien, Verbrennung von Biomasse, Naturgas	fossile Brennstoffe, Verbrennung von Biomasse, sickstoffhaltiger Dünger, Bodenkultivierung	indirekt durch NO_2, CH_4, CO und Kohlenwasserstoffe in der Troposphäre	Kältemittel, Verschäumungsmittel, Treibgase

→ A Charakteristische Daten der Treibhausgase

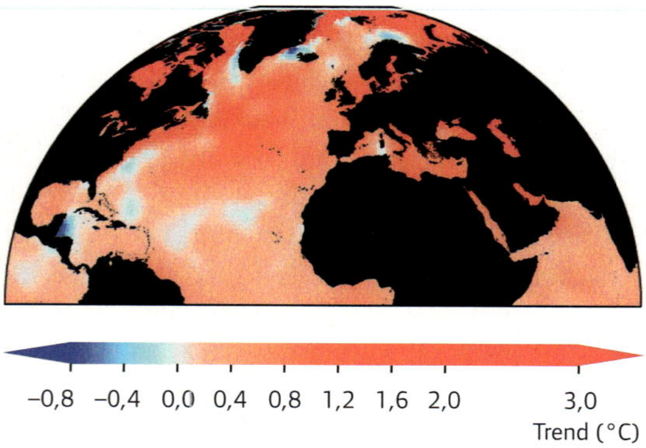

→ 1 Entwicklung der Oberflächentemperatur im Nordatlantik und den europäischen Randmeeren zwischen 1978 und 2002

und Wassertemperaturen aber fast überall noch niedrig genug, um den Meeresboden in gefrorenem Zustand zu halten. Nun ist zu befürchten, dass sich das in absehbarer Zeit ändert und gasförmiges Methan durch die Erwärmung freigesetzt werden könnte.

Wie wir bereits gesehen haben, ist die Arktisregion von der Erderwärmung schon jetzt überdurchschnittlich stark betroffen. Dieser Trend wird sich nach Meinung der Klimaforscher nicht nur fortsetzen, sondern sogar verstärken. Die Erwärmung betrifft natürlich nicht nur die Atmosphäre, sondern auch den Ozean. [→ 1]

Gefahren durch Methanhydrat • Die Wärme dringt von der Wasseroberfläche her in die größeren Wassertiefen vor. In flachen Meeresgebieten, wie z. B. auf dem ostsibirischen Schelf, erreicht die Erwärmung den Meeresboden naturgemäß schneller als in tieferen Zonen. Neue Untersuchungen zeigen, dass in dieser Region an manchen Stellen der Permafrost bereits angetaut ist und Methan freigesetzt wird. Bisher ist allerdings nicht bekannt, wie viel des in der Atmosphäre enthaltenen Methans bereits aus Freisetzungsprozessen von Gashydrat stammt. Tatsache ist jedoch, dass die enorme Treibhauswirkung des Methans für die künftige Klimaentwicklung eine wichtige, vielleicht sogar zentrale Rolle spielen wird.

Erschwerend kommt eine weitere Besonderheit des Gashydrats hinzu: Wird das Gas-Wasser-Gemisch vom „Deckel“ des Permafrosts befreit, kommt es zu einer starken Volumenvergrößerung. Dies kann zu einer Destabilisierung größerer Hydratschichten und damit zu einem Ausbruch von großen Methanmengen vom Meeresboden führen. Es wird vermutet, dass ein solches Ereignis die Methanmenge in der Atmosphäre so stark erhöhen kann, dass ein plötzlicher Anstieg der Atmosphärentemperatur weit über das bisher geschätzte Maß möglich wäre.

Neben den Risiken für die Gashydrate betrifft die jetzige bzw. künftige Erwärmung in der Arktisregion natürlich auch die Landgebiete. Aus den Permafrostböden in Sibirien und Kanada kann durch Auftauprozesse ebenfalls Methan in größerem Umfang freigesetzt werden. Darüber hinaus wirkt sich die Erwärmung auf die Eismassen der nördlichen Hemisphäre besonders aus, mit anderen weitreichenden Folgen, z. B. für den Meeresspiegel.

Der Anstieg des Meeresspiegels

Veränderungen des Meeresspiegelniveaus • Der Meeresspiegel ist eine äußerst bewegliche und instabile Fläche. Es gibt eine ganze Reihe von Faktoren, die die Lage des Meeresspiegels kurz- oder auch langfristig verändern können: der Wind, der den Seegang entfacht und das Wasser an die Küste drückt; die Anziehungskraft des Mondes, die die Meeresoberfläche im Rhythmus der Gezeiten hebt und senkt. Auch Luftdruckänderungen wirken sich auf den Meeresspiegel aus: Bei sehr niedrigem Luftdruck kann die Wassersäule um bis zu 1 m ansteigen.
Die Lage des Meeresspiegels wird immer mit Bezug zur angrenzenden Landfläche betrachtet. Deshalb ergibt sich auch dort ein Meeresanstieg, wo sich das Land senkt. Da der Meeresspiegel dabei keine wirkliche Veränderung erfahren hat, wird die Änderung nur als relativ angesehen. Ursachen können z. B. Bewegungen der Erdkruste oder etwa lokale Absackungen sein. Umgekehrt gibt es Landgebiete, die sich heben, z. B. Skandinavien. Das Gewicht der eiszeitlichen Gletscher drückte hier die Erdkruste in eine zähflüssige Schicht des oberen Erdmantels. Nach dem Abtauen dieser Gletscher und der damit verbundenen Gewichtsentlastung steigt die Erdkruste seit einigen Jahrtausenden langsam auf. Der Aufstieg der Erdkruste in Skandinavien führt im Bereich der deutschen Ostseeküste wiederum zu einem leichten Absinken der Erdoberfläche.

Kalt- und Warmzeiten • Die größten Veränderungen im Meeresniveau resultieren jedoch aus klimatischen Einflüssen. Im Wechsel von Kaltzeiten (Eiszeiten) und Warmzeiten kam es in der jüngeren Erdgeschichte, d. h. in den letzten 2–3 Mio. Jahren, zu mehreren dramatischen Meeresspiegeländerungen: Während der Kaltzeiten bildeten sich auf der nördlichen Erdkugel ausgedehnte und Tausende Meter mächtige Eismassen. In diesem Eis wurden riesige Wassermassen gespeichert und dadurch dem Meer entzogen. Infolgedessen sank der Meeresspiegel weltweit um ca. 120 m ab. Nach dem Ende der Vereisungsphase stieg das Meeresniveau jedes Mal um einen ähnlichen Betrag wieder an. [→ 1]
Darüber hinaus gibt es noch eine andere Ursache für Meeresspiegeländerungen: das Ausdehnen bzw. Schrumpfen der Wassersäule infolge der Erwärmung oder Abkühlung des Meerwassers.
Auch während der letzten kalten Klimaphase, in Deutschland als Weichsel- oder Würmeiszeit bezeichnet, lag der Meeresspiegel um mehr als 120 m niedriger als heute. Der größte Teil des Nordseebeckens war damals trocken. Erst mit dem Einsetzen der bis heute andauernden Warmphase vor ca. 12 000 Jahren stieg der Meeresspiegel weltweit rasch an. Nord- und Ostsee, aber auch der arktische Ozean erreichten dann vor etwa 6000 Jahren annähernd ihr heutiges Niveau. Allerdings reichte die Temperaturerhöhung – im globalen Mittel um ca. 6 bis 7 °C – nicht aus, um alles Eis auf den Kontinenten zu schmelzen.

Wie wir wissen, sind auf der Nordhalbkugel noch Grönland und einige kanadische Inseln von dicken Eispanzern bedeckt, auf der südlichen Halbkugel ist es nahezu die gesamte Antarktis. Wären diese Eisschilde ebenfalls abgeschmolzen, so läge der Meeresspiegel noch um 70 m über dem heutigen Niveau. Viele Küstenregionen – Norddeutschland, die Niederlande und Dänemark eingeschlossen – würden

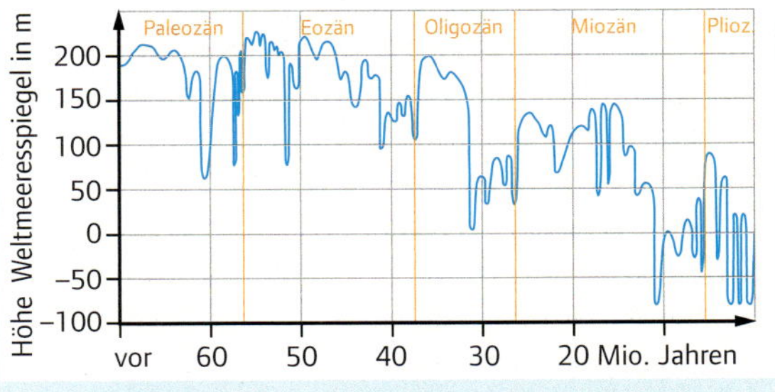

→ 1 Veränderungen der Höhe des Weltmeeresspiegels

nicht existieren. Im arktischen Ozean gibt es darüber hinaus noch große Flächen, die von schwimmendem Eis bedeckt sind. Das Abschmelzen dieses Eises hat jedoch auf den Meeresspiegel keinen Einfluss, genauso wenig wie schmelzende Eiswürfel im Glas das enthaltene Wasser zum Überlaufen bringen.

Meeresspiegel • Aus dem bisher Gesagten ergeben sich zwei Möglichkeiten, wie Treibhauseffekt und globale Erwärmung Einfluss auf den Meeresspiegel nehmen können:
- durch Abschmelzen von landgebundenem Eis
- durch Ausdehnung der Wassersäule

Wenn dieser physikalisch naheliegende Zusammenhang wirklich gegeben ist, dann müsste sich auch die bereits seit über 100 Jahren beobachtete Erwärmung in Form eines Meeresspiegelanstiegs weltweit bemerkbar machen. Dies ist in der Tat so. Nach den verfügbaren Pegelmessungen lag der Anstieg des Meeresspiegels im 20. Jahrhundert im globalen Mittel bei 17 cm. Allerdings sind die regionalen Abweichungen von diesem Wert erheblich: Aufgrund besonderer geologischer Bedingungen stieg der Meeresspiegel an der deutschen Nordseeküste um ca. 25 cm; Landhebungsprozesse im nördlichen Ostseeraum sorgten aber dafür, dass dort der Wasserspiegel sogar um ca. 1 m gesunken ist.

Der Wert von 17 cm ist allerdings ein Durchschnittswert für dieses Jahrhundert. Am Beginn des 20. Jahrhunderts erfolgte der Anstieg noch relativ langsam, in den letzten beiden Jahrzehnten jedoch immer schneller. Die heute verfügbaren, präzisen satellitengestützten Messungen des Meeresspiegels zeigen, dass sich der Anstieg seit 1990 etwa verdoppelt hat und jetzt 3,3 cm im Jahrzehnt ausmacht. Dies stimmt mit der beobachteten Beschleunigung der Erderwärmung überein.

Wir müssen also im 21. Jahrhundert nicht nur mit wärmerem Klima, sondern auch mit einem beschleunigten Anstieg des Meeresspiegels rechnen. Dabei wissen wir, dass beide Prozesse mit einer gewissen zeitlichen Verzögerung vonstatten gehen. Beide, besonders aber der des Meeresspiegelanstiegs, werden sich also vermutlich auch in den folgenden Jahrhunderten noch fortsetzen.

Die beobachtete Erhöhung des Meeresspiegels resultiert aus drei Faktoren:
- der Ausdehnung der Wassersäule
- dem Abtauen von Gebirgsgletschern
- dem Abschmelzen des grönländischen Eises

Im 20. Jahrhundert hatte den Berechnungen zufolge der Ausdehnungseffekt den größten Anteil (50–60 %). Dabei ist die obere Wassersäule bis ca. 500 m Tiefe beteiligt. Während das Grönlandeis vor 1990 offenbar kaum eine Rolle spielte. Dies scheint sich zurzeit deutlich zu ändern. Für die letzten 15 Jahre wird der Beitrag zum Meeresanstieg, der durch Abschmelzen von Grönlandeis kam, bereits auf ein Drittel geschätzt.

1961–2003: 1,6 mm/Jahr	
Thermische Ausdehnung	ca. 40 %
Gletscher und Polkappen	ca. 35 %
Kontinentale Eismassen	ca. 25 %
2003–2008: 2,5 mm/Jahr	
Thermische Ausdehnung	ca. 20 %
Gletscher und Polkappen	ca. 40 %
Kontinentale Eismassen	ca. 40 %

→ A Zusammensetzung der Rate für den Anstieg des Meeresspiegels in den vergangenen Jahrzehnten

Arktisregion • Klimaforscher beobachten also zurzeit nicht nur eine Zunahme des Meeresspiegelanstiegs, sondern auch viele Anzeichen dafür, dass dieser Trend eine Folge des einsetzenden Massenverlusts auf dem grönländischen Eisschild ist. Allerdings ist es sehr schwierig, das Volumen des Grönlandeises genau zu messen, sodass hier noch viele Unsicherheiten existieren. Besonders die Frage nach den Ursachen für diesen Eisverlust ist noch nicht endgültig beantwortet. [→ S. 59/2]

Tatsache ist aber, dass Grönland aufgrund seiner Breitenlage und Nähe zum Golfstrom in einer wärmeren Umgebung liegt. Im Gegensatz dazu ist die Antarktis von kalten Meeresströmungen umgeben. Hinzu kommt die bereits erwähnte stärkere Erwärmung der Arktisregion im Vergleich zu anderen Regionen weltweit.

Meeresspiegel im 21. Jahrhundert • Bis vor wenigen Jahren gingen die Experten, so auch der interna-

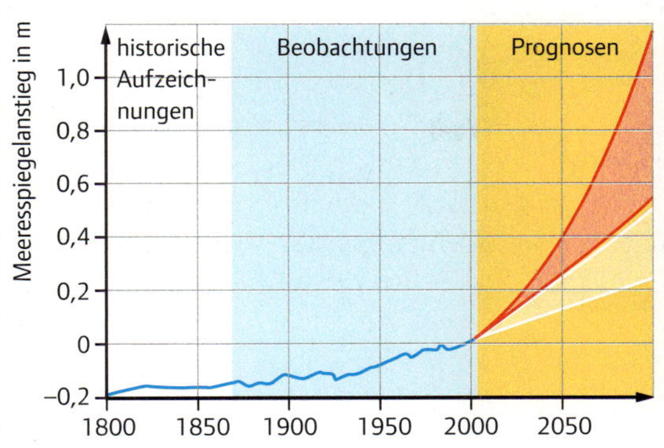

→1 Meeresspiegelanstieg bis zum Jahr 2100

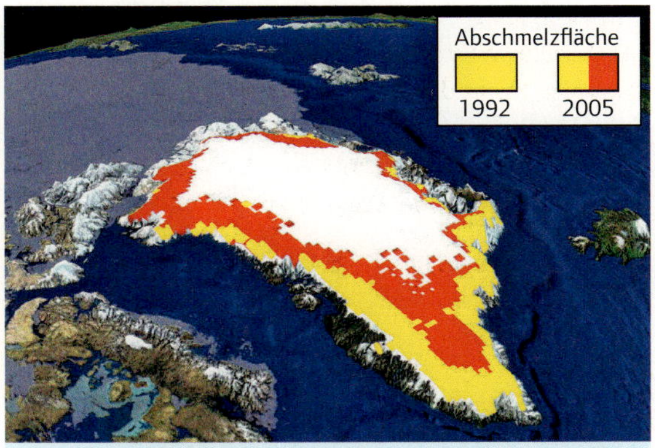

→2 Abschmelzfläche des Grönlandeises – Vergleich der Jahre 1992 und 2005

tionale Klimarat IPCC (Intergovernmental Panel on Climate Change), davon aus, dass die Erhöhung des Meeresspiegels bis zum Jahr 2100 einen Betrag von 60 cm nicht übersteigen würde. Nach den neuesten Forschungsergebnissen wird diese Prognose jedoch von zahlreichen Wissenschaftlern angezweifelt. Ein Anstieg von 1 m, vielleicht sogar deutlich darüber (bis 1,5 m) wird für möglich gehalten. [→1]
Voraussetzung dafür ist, dass der Abschmelztrend beim Grönlandeis in kommenden Jahrzehnten anhält und vielleicht nach 2050 auch in der Antarktis ein Eismassenverlust einsetzt. Ob dies der Fall sein wird, wissen wir heute nicht. Sicher ist aber: Sollte Grönland irgendwann, vielleicht in einigen Hundert Jahren, sein gesamtes Eis verlieren, so würde dies einen Meeresspiegelanstieg von etwa 7 m zur Folge haben! [→3]

Küstentypen und Küstenökosysteme

Küsten sind die Ränder der Ozeane und daher überall auf der Erde zu finden. Gelegentlich werden sie auch als *Kampfraum* zwischen Meer und Festland bezeichnet, weil die immerwährenden Einflüsse von Gezeiten, Wellen und Organismen für einen stetigen Formungs- und Gestaltungsprozess sorgen. Die Formungskräfte des Meeres lassen im Einklang mit den klimatischen und geologischen Gegebenheiten eine Vielfalt von unterschiedlichen Küstenlandschaften entstehen. In räumlicher Nachbarschaft können Küsten entweder

- durch Sedimentablagerung aufgebaut werden, z. B. Wattenmeer oder Flussmündungen – Deltas [→ S. 45/2, S. 61/2]
- durch den Wellenangriff zurückverlegt (erodiert) werden, z. B. Steilküsten an der Ostsee [→ S. 60/1]
- einfach überflutet werden: Der Meeresspiegelanstieg von über 100 m, der auf die letzte Eiszeit folgte, hat dazu geführt, dass viele Küsten ertrunkene Landschaften darstellen. Diese wurden vormals von anderen Kräften auf dem Festland geformt. So sind die Fjorde Norwegens breite, ehemals vom Eis ausgeschürfte Täler. [→ S. 61/3]

Gleichzeitig stellen Küsten auch wichtige Lebensräume für Pflanzen, Tiere und Kleinstorganismen dar. Charakteristische Küstenökosysteme in unseren Breiten sind z. B. die Watten, Salzwiesen und Dünen.

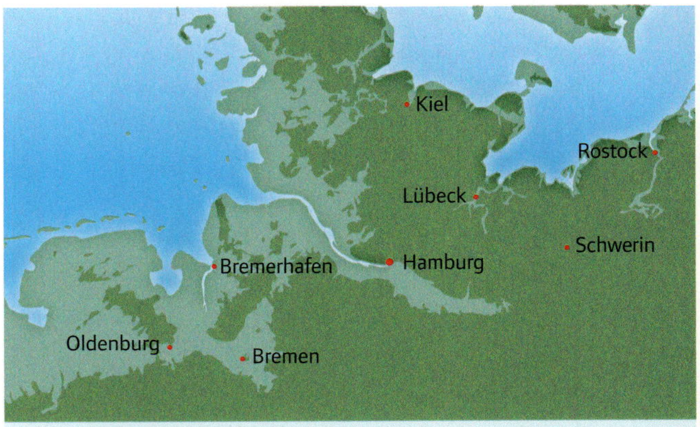

→3 Szenario: Anstieg um 7 m
(Das Inlandeis von Grönland ist abgeschmolzen.)

→1 Steilküste an der Ostsee

→2 Salzwiese

→3 Mangrovenwald

In warmen Klimazonen bieten Korallenriffe und Mangrovenküsten spezielle Lebensbedingungen und -formen. Weltweit entstand so an den Küsten eine beeindruckende landschaftliche und biologische Vielfalt, die nun von zwei Seiten – durch Mensch und Natur – in Gefahr gerät. [→3; S. 47/3]

Lebensraum Küste • Wenn man auf einer Atlaskarte die größten Städte der Welt sucht, wird man feststellen, dass die meisten davon an der Küste liegen. Aber auch abseits der Großstädte ist der Küstenraum meist dichter besiedelt als das Hinterland. Dafür gibt es mehrere Gründe. Seit die Menschen zur See fahren und weltweit Handel treiben, sind auf allen Kontinenten Hafenstädte entstanden. Vom Fischfang und von Meeresfrüchten ernährt sich auch heute noch ein Großteil der Weltbevölkerung. Schließlich haben mit der Entwicklung des Tourismus zahllose Küstengebiete und Inseln überall auf der Welt eine große Anziehungskraft entfaltet.

Die meisten küstennahen Siedlungsflächen und Städte liegen nur wenige Dezimeter bis einige Meter über dem Meeresspiegel (Normalnull/NN: mittlere Meeresspiegellage ohne Berücksichtung von Ebbe und Flut, Seegang, Windstau, Niederschlag u. Ä.). Je niedriger ein Küstensaum gelegen ist, desto eher bzw. häufiger können Überflutungen auftreten, was meist im Zusammenhang mit Sturmereignissen geschieht.

Sturmfluten • In der Vergangenheit ist es in vielen Küstengebieten immer wieder zu verheerenden Sturmfluten gekommen, die Menschenleben forderten, Häuser und andere Sachwerte zerstörten. Dies geschieht dann, wenn starker Wind längere Zeit über das Meer weht, einen „Wasserberg" vor sich herschiebt und diesen gegen die Küste drückt.

Sind entlang der Küste Buchten und Flussmündungen vorhanden, so entstehen dort durch einen

Staat	Bevölkerung in niedriggelegenen Küstenregionen (10^3)	% der Bevölkerung in niedriggelegenen Küstenregionen
Malediven	291	100 %
Bahamas	267	88 %
Bahrain	501	78 %
Surinam	325	78 %
Niederlande	9590	60 %
Macao	264	59 %
Guyana	419	55 %
Vietnam	41439	53 %
Dschibuti	250	40 %
Bangladesch	53111	39 %

→A Staaten, geordnet nach Bevölkerung in niedriggelegenen Küstenregionen

→4 Potenziell sturmflutgefährdete Gebiete in Schleswig-Holstein

→1 Düne mit Strandhafer

→2 Flussdelta

→3 Fjord in Norwegen

- gesamte Küstenlänge: 3700 km
- davon Nordsee mit Inseln: 1580 km
- Ostsee 2120 km (inkl. Boddengewässer und Inseln)
- Als potenziell überflutungsgefährdet gelten die Gebiete an der Nordsee, die nicht höher als 5 m über dem Meeresspiegel liegen bzw. 3 m an der Ostseeküste. Das entspricht einer Gesamtfläche von 13 900 km². Ein Großteil ist derzeit durch Deiche geschützt.
- In den überflutungsgefährdeten Gebieten leben 3,2 Mio. Menschen.
- Die vorhandenen volkswirtschaftlichen Werte belaufen sich auf mehr als 900 Mrd. Euro. Es sind mehr als 1 Mio. Arbeitsplätze angesiedelt.
- Für Großstädte an der Nord- und Ostseeküste stellen Sturmfluten bzw. Sturmhochwässer große Risiken dar.
- Vielen Tourismuszentren an Nord- und Ostsee droht Küstenerosion.
- Die Kosten für Küstenschutzmaßnahmen, vor allem Deichbau und Sandvorspülungen, werden steigen.
- Langfristig können große Teile der ökologisch wertvollen Salzwiesen und Wattflächen verloren gehen.

→B Gefährdungspotenzial für Norddeutschland im Zuge des künftigen Klimawandels

„Trichtereffekt" besonders hohe Wasserstände. Dies ist auch der Grund, warum bei Nordwestwind die Sturmfluten in Hamburg – ca. 100 km landeinwärts von der Elbmündung – höher sind als an der offenen Nordsee, z. B. bei Cuxhaven. Die höchsten Sturmfluten im 20. Jahrhundert gab es in der südlichen Nordsee in den Jahren 1953, 1962 und 1976.

Noch verheerender sind Sturmfluten in den warmen Meeresgebieten, wo sich häufig tropische Wirbelstürme (Hurrikane, Taifune) bilden. Wegen der extrem hohen Windgeschwindigkeiten und des niedrigen Luftdrucks entstehen dabei Flutwellen, die – unabhängig vom Einfluss der Gezeiten – 5 m und mehr erreichen und große Landstriche überfluten können. So hat im August 2005 der Hurrikan Katrina die Stadt New Orleans in den USA z. T. mehrere Meter unter Wasser gesetzt und ca. 2000 Todesopfer gefordert.

Noch größere Hochwasserkatastrophen gibt es immer wieder im Golf von Bengalen an den Küsten von Bangladesch, Indien und Myanmar. Dort siedeln Millionen von Menschen in den fruchtbaren Mündungsgebieten der Flüsse Ganges, Brahmaputra und Irrawaddy. Dabei werden sie nicht von Deichen gegen die Flutwellen der jedes Jahr wiederkehrenden Tropenstürme geschützt.

Gefährdungspotenzial • Trotz vieler Unsicherheiten bei der Abschätzung des künftigen Klimawandels ist es unbestritten, dass die bereits bestehenden Risiken für die Küstengebiete – vor allem infolge des steigenden Meeresspiegels – zunehmen werden. Gefährliche Extremwasserstände treten naturgemäß bei einem um 50 bis 100 cm höheren Meeresniveau viel häufiger auf. Eine „Jahrhundertflut" wie die Sturmflut von 1976 könnte sich dann schon alle 10 Jahre wiederholen. Neben der unmittelbaren Bedrohung durch die Sturmfluten gibt es aber weitere Effekte, die zu einem Problem werden können:

- Ein höherer Meeresspiegel wird Strände und Uferbereiche künftig noch rascher erodieren: Schon seit mehr als 30 Jahren müssen z. B. auf der Insel Sylt jedes Jahr Millionen Kubikmeter Sand auf den Strand aufgebracht – vorgespült – werden. [→ S. 62/5]
- Ein höherer Meeresspiegel erschwert die Entwässerung von tief liegendem Marschland: Ist auch bei Ebbe kein natürliches Gefälle zum Meer hin vorhanden, muss das Wasser abgepumpt werden. In den Niederlanden müssen z. B. mehr als 50 % der Fläche künstlich entwässert werden.

→1 Insel der Malediven

- Bei erhöhtem Meeresspiegel dringt Salzwasser in den Boden und die Grundwasserschichten ein und verhindert die weitere Grundwassernutzung.
- Korallenriffe leiden vor allem unter den zunehmend höheren Wassertemperaturen und dem saurer werdenden Meerwasser. Sterben die Kalkskelette der Korallen ab oder werden sie geschwächt, dann geht den dahinterliegenden Küsten der natürliche Schutz gegen Sturmfluten und Brandung verloren. Dies betrifft besonders die kleinen Inselstaaten im Pazifischen und Indischen Ozean – etwa die Malediven. Für die Bewohner dieser Länder bleibt bei dem vermuteten Meeresspiegelanstieg vielleicht als letzter Weg nur die Auswanderung in höhere Kontinentalgebiete.

Anpassung und Küstenschutz

Die Menschen haben im Laufe der Geschichte gelernt, sich mit Sturmflutgefahren und Landverlusten auseinanderzusetzen. Um mit den Risiken umzugehen, sind generell zwei Strategien denkbar: Anpassung oder Verteidigung.
Im ersten Fall versucht der Mensch, der Gefahr eher auszuweichen: durch Rückzug aus überflutungsgefährdeten Gebieten oder dadurch, dass man einzelne Häuser oder ganze Siedlungen höhersetzt. Weltweit werden noch heute in vielen ländlichen Regionen, z. B. in Westafrika, Brasilien oder den Philippinen, Wohngebäude als Pfahlbauten errichtet. [→2]

→2 Häuser in Kambodscha

Warften und Deiche • Im Nordseeraum errichtete man dagegen Erdhügel und setzte dann Häuser und Stallungen auf diese Warften. Über viele Jahrhunderte versuchten deren Bewohner sich gegen die stürmische Nordsee zu behaupten. Trotz großer Landverluste während der mittelalterlichen Sturmfluten gelang dies auf den kleinen Marscheninseln – den Halligen – sogar bis zum heutigen Tag.

→3 Sturmflut an der Ostseeküste

→4 Tetrapoden dienen ebenfalls der Uferstabilisierung.

→5 Sandvorspülung auf Sylt

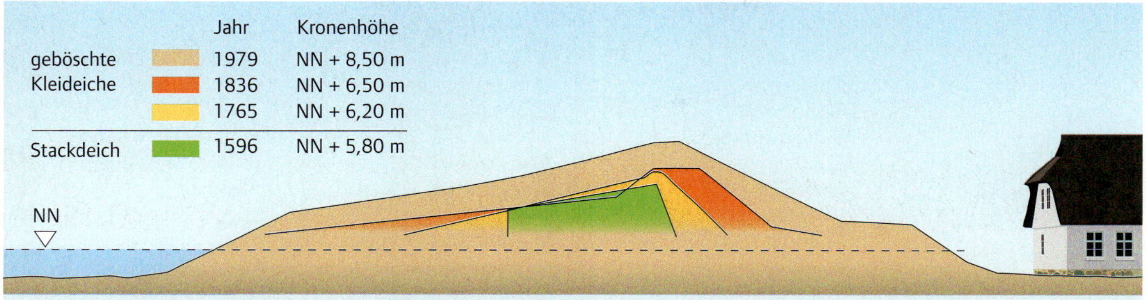

→1 Entwicklung des Deichaufbaus – Deichprofil in Schleswig-Holstein

Seit etwa 1000 Jahren wollen sich die Bewohner an der Nordsee und in vielen Küstenregionen der Welt durch den Bau von Deichen und anderen Schutzbauwerken gegen die Sturmfluten behaupten. Die Entwicklung des Deichbaus hängt immer von den materiellen und technischen Mitteln der Küstenbewohner ab. Bei jeder starken Sturmflut wurden aber auch neue Erkenntnisse für eine stabilere Konstruktion der Deiche gewonnen. [→1]

Noch umfassendere Maßnahmen werden in den Niederlanden geplant und ausgeführt, liegen doch die großen Städte und Ballungsgebiete fast durchweg unterhalb des Meeresspiegels. Dort sind an der Küste und entlang der Binnenflüsse die Deiche so hoch, dass nur noch die Spitzen der Hausdächer die Deichkronen überragen. Ein Deichbruch hätte hier wahrhaft sintflutartige Ausmaße.

Ausblick • Hier stellt sich nun die Frage, auf welchem Weg und wie lange Küstenländer in der Lage sein werden, ihre Bewohner künftig vor den Folgen eines rascher ansteigenden Meeresspiegels und vielleicht häufiger auftretender Sturmfluten zu schützen. Klar ist, dass dies für reichere Nationen in Europa und Nordamerika noch leichter möglich ist als für ärmere Länder in den Entwicklungsländern. Immerhin haben wir bereits viele funktionierende Deiche, die andernorts, etwa in Bangladesch, Ägypten oder Mexiko, noch fehlen. Auf Inselarchipelen wie den Malediven dürfte es mangels Platz und Baumaterial gar unmöglich sein, angemessene Schutzbauwerke zu errichten.
Aber auch in Deutschland sind schon jetzt die Kosten für den Küstenschutz beträchtlich. So muss z. B. Hamburg knapp 1 Mrd. Euro in Hochwassermauern und Siele investieren. Noch kostspieliger sind Sturmflutsperrwerke, wie man sie in Flussmündungen baut – London und Rotterdam werden von solchen Sperrwerken gesichert. [→2]
Wenn der Meeresspiegel mehr als 50 cm ansteigt, müssen fast alle Deiche an Nord- und Ostsee erhöht und verstärkt werden. Ab einem Anstieg von über 1 m wird dies aber zunehmend schwieriger, da der Boden unter dem Deichgewicht absacken kann.
Dort, wo solche Deichbaumaßnahmen aus technischen oder finanziellen Gründen nicht verwirklicht werden können, denken die Ingenieure bereits über schwimmfähige Wohnhäuser nach. An wenig besiedelten Küsten kommt irgendwann vielleicht auch ein Rückzug aus den Überflutungsgebieten in Betracht.

→2 Sperrwerk an der Themse

Register

Bildquellen

3p Institute for Sustainable Management, Köln: 47/5 | A1PIX/Your Photo Today: 50/2 | akg-images: 8/2 | Arctica Film GmbH: 62/3 | Arne Körtzinger, IFM-Geomar: 30 (2), 34/1, 36/1 | AWI/Bela Buck: 45/5, Annekatrin Enge: 45/6, Olaf Boebel: 28/2 | Bildart, Hohen Neuendorf/V. Döring: 33/1–2 | Bundesamt für Seeschifffahrt und Hydrographie: 24/1 | Christian-Albrechts-Universität zu Kiel: 55/2–3 | dapd/Tomohiko Kano: 13/3 | David Shale, Mar-Eco, IFM-Geomar: 44/1 | fotolia.com/Mark Field: 5 (Algen), Rolf-Dieter Korthaus: 47/3, crimson: 50/1 | GNU-FDL: 7/2–3, 18, 37/2–3, Júlio Reis: 45/3, Stemonitis: 45/4, Fritz Geller-Grimm: 62/4, Hajotth: 62/5, Bill Bertram: 63/2 | Hayo Hase: 12/1 | Helga Lade, Berlin/Hilgert: 45/2 | IFM-Geomar, Kiel: Titel (2), 1, 5 (Schiff), 28/3, 29/2–3, 42/1 u. 3, 43/1–3, 44/6, 49/1 | iStockphoto.com/AtWaG: 44/3, Chanyut Sribua-rawd: 44/9, Derek Warr: 4, Joao Vitissimo: 3, Luke Daniek: 44/7 | Max Gibbs/OSF/Okapia: 41/1 | Michael Hesemann, Foraminifera.eu Projekt, Hamburg: 16/1–3 | Michaël, picasa: 44/8 | NASA: 54/1 (2) | NOAA: 6 (6), 10/1, 14/2, 23/1 | picture-alliance/dpa: 15/2 | PIK nach Hadley Centre: 56/1 | pixelio.de/A. Kriewel: 61/2, Andreas Hermsdorf: 5 (Brandung), Dieter Schütz: 60/3, Gaby Stein: 5 (Fels), H. Hoppe: 62/1, Hans-Jürgen Kreutzer: 60/,1 Heike Schüßler: 60/2, korneloni: 5 (Stralsund), Rainer Kaupil: 5 (Gletschersee), Sybille und Kurt Mader: 62/2, Tanja Neidnicht: 61/1, x-ray-andi: 61/3 | Rudolf B. Husar, Washington University: 38/1 | SeaWiFS Projekt, NASA/GSFC und ORBIMAGE: 38/2, 40, 46/1, 48/2 | Smithsonian Tropical Research Institute/Kyle Demes: 49/2 | Stefan Theisen, Kiel: 19/1–3, 20/1–2, 4, 26/3–5, 27/1 | Uli Kunz, IFM-Geomar: 44/2 | USGS: 10/2, 12/3, 15/3 | Walter Kleesattel: 47/1–2 | WBGU, Steffen und Huff: 59/2 | www.planktonforum.eu/Andreas Meybohm: 42/2.

